엘리스와 미 해병대의 전쟁 방식

대반란전에서 원정기지작전까지

B. A. Friedman (B. A. 프리드먼) 편저
김현승(金炫承) · 이상석(李相錫) 옮김

21st Century Ellis:
Operational Art and Strategic Prophecy for the Modern Era

엘리스와 미 해병대의 전쟁 방식

대반란전에서 원정기지작전까지

〈일러두기〉

1. 이 책은 B. A. Friedman, ed. *21st Century Ellis: Operational Art and Strategic Prophecy for the Modern Era*. Annapolis: Naval Institute Press, 2015를 번역한 것이다.
2. 외래어는 국립국어원의 외래어 표기법에 따라 표기했다.
3. 일련번호가 붙은 주는 모두 지은이 주이며 후주로 처리했다. 본문 중 옮긴이의 설명이 필요하다고 판단되는 내용은 해당 페이지 하단에 각주로 처리했다.

목차

감사의 글

이 책의 편집을 시작하게 된 계기는 벤자민 암스트롱(Benjamin I Armstrong)이 저술한 『21세기 머핸 : 불확실성의 시대에 필요한 건전한 군사적 결심(*21st Century Mahan: Sound Military Conclusions for the Modern Era*)』을 접한 때였다. 당시 나는 벤자민에게 얼 핸콕 "피트" 엘리스(Earl Hancock "Pete" Ellis) 역시 머핸과 같은 위대한 군사 사상가에 비견될 수 있다는 의견을 제시했었다. 이 의견을 접한 벤자민은 나에게 미 해군 연구소(Naval Institute Press)의 아담 케인(Adam Kane)을 소개해 주었다. 그리고 나의 연락을 받은 아담은 엘리스와 관련된 글을 써보는 것이 어떻겠냐고 제안했다.

나는 즉시 버지니아 콴티코 해병기지(Marine Corps Base Quantico)의 알프레드 그레이 장군 해병대 연구소(General Alfred M. Grey Marine Corps Research Center)에 위치한 해병대 기록관(Marine Corps Archives)에 연락을 취했다. 이 해병대 기록관은 일반에게 잘 알려지지 않은 소중한 자료들의 보고(寶庫)였으며, 여기의 직원들은 대단히 친절하고 열정적이었다. 이들은 내가 아담에게 독촉받을 때마다 엘리스가 심혈을 기울여 저술한 내용들을 이메일로 제공해 주었다.

그때까지 나는 엘리스의 전기를 보긴 했지만 그의 저작을 직접 접한 적은 없었다. 그의 저작은 세상에 나온 지 이미 100여 년이 흘렀기에, 그 안에 현재의 작전 환경에 적용할 수 있는 내용은 거의 없을 것이라 여겼던 것이다. 또한 미국 해병대는 가끔 역사적 사실을 과장하는 경향이 있었기 때문에 나는 엘리스의 저작 역시 실제적인 내용이기보다는 단지 과거의 유산이라고 생각했다. 그러나 엘리스의 저작을 접하자 나의 이러한 편견은 완전히 잘못된 것으로 판명되었다. 이제까지 어떠한 해병대 장교들도 가지지 못했던 지식과 열정이 스며있는, 현대전쟁에도 명확하고 직접적으로 적용 가능한 귀중한 아이디어들을 발견할 수 있었던 것이다.

내가 연구 시 활용한 엘리스의 저작들은 대부분 원본을 스캔한 문서였다. 그러나 엘리스가 미국 해군대학(Naval War College) 학생장교 및 교관 시절에 작성한 연구보고서 및 미크로네시아 전진기지작전(*Advanced Base Operations in Micronesia*) 보고서는 원본을 접할 수 있었다. 나는 타자기를 사용하지 않고 엘리스가 직접 한자 한자 눌러쓴 자필 본문과 대문자로 작성된 강조 문장들을 보면서 엘리스의 강렬한 열정을 확인할 수 있었다. 엘리스는 이 저술 작업에 자신의 열정을 쏟았으며, 이는 그의 건강을 악화시킨 한 가지 원인이기도 했다.

이 책에는 엘리스가 작성한 연구보고서뿐 아니라-해병대 구성원들이 조직의 전통과 발전방향을 논의하는 공개적 토론장 역할을 했고 현재도 계속 발간되고 있는-해병대지(海兵隊誌, *Marine Corps Gazette*)에 기고한 기사도 포함되어 있다. 해병대지 편집장 존 키넌(John Keenan)은 내가 엘리스의 기사를 열람할 수 있게 해 주었다. 해병대지 기록관에서는 해병대지에 실렸던 엘리스의 기사 사본을 보내주었는데, 나는 그 기사를 읽고 나서야 비로소 당시 엘리스가 가지고 있었던 문제의식과 고민들이 지금 미국 해병대가 가지고 있는 그것과 다르지 않았음을 깨달을 수 있었다. 엘리스가 쓴 칼럼 중 하나는 제1차 세계대전 중 연합작전의 경험을 서술한 것이었고, 다른 하나는 미국의 식민지였던 필리핀에서 경험한 대반란전(counter insurgency operations)에 관한 것이었다. 현대 독자들은 이러한 문제들에 대해 엘리스가 내렸던 현상에 대한 진단과 문제해결방안이 오늘날 미국 해병대에서 제시하는 해결방안과 대단히 유사하다는 것에 깜짝 놀랄 것이다.

독자들은 이 책을 통해 엘리스의 저작들에 보다 쉽게 접근할 수 있을 것이다. 또한 군사 관련 연구자 및 사상가들도 이 책에서 유용한 자료를 찾을 수 있기를 희망한다. 나는 이 책을 편집하는 과정에서 당시 엘리스가 사용했던 고어(古語)식 표현과 문장 구성은 그대로 살렸다. 그러나 내용의 일관성과 구성을 보강하기 위해 일부 소제목과 문서형식을 변경한 부분도 있다. 또한 석탄 추진 해군함정의 군수지원문제 등과 같이 흥미로운 주제이긴 하나 오늘날의 작전 환경에는 적용되지 않는 일부 부분은 수록하지 않았다.

마지막으로, 소중한 출판의 기회를 가질 수 있게 해준 여러 사람들에게 감사의 말을 전하고 싶다. 먼저, 아직 이렇다 할 저술경력이 없는 필자에게 기회를 제공한 미 해군 연구소 출판부 및 아담 케인(Adam Kane)에게 감사드린다. 또한 아담 네티샤(Adam Nettina) 및 카린 카우프만(Karin Kaufman)은 친절하게 원고를 교정해 주었다. 다음으로 나에게 독서의 중요성을 깨닫게 해주고 글쓰기에 대한 애정을 심어준 아버지 로버트 프리드먼(Robert Friedman)과 어머니 조지아나 프리드먼(Georgiana Friedman)에게 감사드린다. 그리고 때로는 무모하기도 했던 나의 아이디어를 전적으로 믿어주고 연구에 몰입하여 있을 때도 항상 곁에서 지지를 보내 준 아름다운 아내 애슈턴(Ashton)에게 무한한 감사의 말을 전하고 싶다.

서론

서론

태평양 지역에서의 전쟁은 필연적으로 상륙작전의 양상으로 전개될 것이다. 태평양 지역에서 대륙을 통제하기 위해서는 해양통제권의 확보가 선행되어야 한다. 대륙에서 작전하기 위해서는 먼저 이 태평양 해역의 해양과 공중 전장에서 우위를 점하는 것이 필요한 것이다. 광활한 태평양의 크기에서 비롯되는 '거리의 횡포(Tyranny of distance)'로 인해 역내에 군사력을 투사하려는 모든 국가는 필연적으로 상륙작전을 수행할 수밖에 없다.

대부분의 사람들은 상륙작전이라 하면 제2차 세계대전 시 크나큰 피해를 입긴 했지만 아돌프 히틀러(Adolf Hitler)의 나치 정권에 경종을 울린 연합군의 노르망디(Normandy) 상륙작전 중 유타 해안(Utah Beach) 상륙을 떠올린다. 그러나 상륙작전을 직접 실행하는 해병대의 입장에서 볼 때 이러한 형태의 상륙작전은 바람직한 방책이 아니며, 반드시 필요한 경우 마지막으로 선택해야 하는 방책이다. 그러나 태평양은 적의 저항을 뚫고 전진해야 하기에 적전 상륙작전을 반대하는 사람들조차도 이러한 선택을 할 수밖에 없다. 태평양에 산재한 다수의 있는 섬들은 "불침 함정(unsinkable ships)"으로써 이를 점유하고 있는 국가는 이 섬들을 장거리 미사일 발사기지나 항공모함의 보급기지 등으로 활용할 수 있다. 태평양의 섬들은 이를 둘러싸고 있는 바다와 상호보완적인 전략적 관계를 형성하고 있다. 바다를 지배하기 위해서는 섬의 통제가 필요하고, 섬의 통제를 위해서는 바다를 지배하는 것이 필요한 것이다.

한때 미국과 일본은 태평양을 사이에 두고 서로 맞대결을 벌였다. 일본은 태평양의 섬들을 통제하여 진주만 공격으로 시작된 미국의 반격에 맞서려 했지만 결국 실패하고 말았다. 미국은 일본의 이러한 전략에 대항해 다수 전선에서 동시에 "도서 건너뛰기(island-hopping)" 작전을 실시했다. 일본이 승리하기 위해서는 미국이 태평양을 통제하지 못하게 해야 했지만 실패하였고, 결국 일본은 패망하고 말았다.

오늘날 미국은 태평양 전쟁 시와 마찬가지로 드넓은 대양을 사이에 두고 또 다른 경쟁자와 마주하고 있다. 만약 이 두 국가 간 경쟁이 더욱 격화된다면 다음 세대의 미국인들은 해양의 통제를 위해 싸워야 할 것이며, 태평양의 해안에 상륙작전을 펼쳐야 할 수도 있다.

미국 해병대의 얼 핸콕 피트 엘리스(Earl Hancock "Pete" Ellis)는 상륙작전을 체계화한 최초 이론가라 할 수 있으며, 상륙작전 이론의 발전에 이보다 큰 영향력을 미친 사람은 없을 것이다.

1915년 프랑스, 영국, 오스트레일리아 및 뉴질랜드로 구성된 연합군이 터키의 갈리폴리 반도에 역사상 가장 큰 규모의 상륙작전을 감행했다. 그러나 갈리폴리 상륙작전은 참담한 실패로 돌아갔다. 당시 실패의 본질적 원인은 연합군 지휘부의 사전 계획수립 미실시 및 시행 간 조정의 부재, 그리고 잘못된 작전의 시행 때문이었다. 그러나 그들은 실패의 원인을 터키군의 기관총과 속사포의 탓으로 돌렸다. 그러나 엘리스는 현대적 무기를 갖춘 적의 정면에 상륙작전을 실시하는 것이 어렵다는 것을 인정했지만, 그것이 결코 불가능한 일이라고 생각하지는 않았다.

미국 군대 내에서 갈리폴리 상륙작전에 대한 논의가 한창일 때는 공교롭게도 미국 해병대가 그 역할에 대한 논쟁에 직면하고 있을 때였다. 창설 초기 미국 해병대는 해군함정에 승선하여 육상전투를 담당하거나 육상의 해군 시설을 보호하는 임무를 맡고 있었다. 하지만 시간이 흐르면서 미국 정부는 육군과 마찬가지로 해병대에게도 정규군과의 전면전쟁뿐 아니라 비정규군과의 소규모 전쟁(small war)까지 다양한 임무에 나설 것을 주문하기 시작했다. 이러한 미국 해병대 역할의 변화는 해병대 부대가 남아메리카(South America)에서 반군진압작전 임무를 중단하고 존 "블랙잭" 퍼싱(John "Blackjack" Pershing) 장군이 이끄는 미국 원정군(AEF; American Expeditionary Force)에 편성되어 프랑스로 파견된 1917년에 최고조에 달했다. 당시 해병대는 벨로우드(Belleau Wood), 블랑 몽(Blanc Mont), 솜므(Somme) 등의 전투에서 크게 활약하며 지상전에서도 육군만큼 탁월한 전투력을 발휘할 수 있다는 것을 증명했다.

그러나 제1차 세계대전 중 해병대의 괄목할 만한 선전(善戰)에도 불구하고 해병대가 존재해야 하는 이유는 무엇인가 대한 의문은 해소되지 않았다. 해병대원이 해군함정에 승선하여 저격수 및 육전대 임무 수행하는 것은 범선시대의 종료와 함께 사라졌다. 그리고 프랑스 전선에서와 같이 해병대가 육군과 동일한 지상작전 임무를 수행한다면 굳이 해병대를 유지할 필요가 있는가, 해병대가 현대전에서 어떠한 역할을 할 수 있는가 등의 문제가 계속해서 제기되었다. 이러한 문제에 대한 해답을 연구하라는 해병대사령관(commandant of the Marine Corps)의 명령에 따라 피트 엘리스 대위는 자신의 모든 역량을 동원하여 이 임무에 매달리기 시작했다.

얼 핸콕 엘리스(Earl Hancock Ellis)는 1880년 12월 19일 캔자스주(Kansas)의 이카(Iuka)에서 어거스터스 엘리스(Augustus Elllis)와 캐서린 엑슬린 엘리스(Catherine Axline Ellis) 사이에서 태어났다. 자작농으로 여기저

기를 떠돌던 엘리스의 부모는 이카에 정착하여 얼 엘리스를 낳았다. 엘리스가 2살일 때 그의 가족은 아이다호(Idaho) 북부의 보이시(Boise)로 이사했지만, 4년 후 이카로 다시 돌아왔다. 19세기 후반 당시 미시시피강 연안 대초원 지역의 교육 수준은 매우 낮았지만, 얼 엘리스는 1896년부터 1900년까지 고등학교에 다닐 정도로 학업에 관심이 많았다. 학창시절 얼 엘리스는 학문적 사고능력을 숙달함과 동시에, 운동에도 열심이었다.[1]

이 시기 엘리스는 해병대에 관심을 가지기 시작했다. 당시 엘리스는 신문 기사를 통해 미국-스페인 전쟁의 경과를 섭렵했다. 마침내 1900년 8월 27일 21살의 엘리스는 캔자스주(Kansas) 프랫(Pratt)에서 시카고(Chicago)까지 기차를 타고 가서 해병대에 입대했다. 워싱턴의 해병대 기지로 이동한 엘리스 이병은 고참 해병들에게 교육을 받기 시작했다. 입대한 지 1년이 채 안 된 1901년 2월, 그는 상병으로 진급했다. 그러나 열정이 넘치던 엘리스는 해병대에서 좀 더 큰 꿈을 펼치길 원했다. 이러한 엘리스의 야망을 알아챈 그의 부모는 하원의원에게 부탁하여 젊은 엘리스를 그 당시 해병대사령관이었던 찰스 헤이우드(Charles Heywood) 장군에게 소개시켜 주도록 했다*. 엘리스는 퇴역 육군 대령을 가정교사로 삼고 장교 임관시험을 준비하기 시작했다. 그는 높은 점수로 시험에 합격했고, 마침내 1901년 12월 21일 해병 소위로 임관했다.

1902년 엘리스 소위는 당시 미국의 식민지였던 필리핀에 배치되기 전 워싱턴에서 소정의 사전교육을 받았다. 1898년 미국-스페인 전쟁의 결과로 체결된 파리 조약에 따라 필리핀은 미국의 식민지가 되었으나, 필리핀 원주민들은 미국의 통치에 반대하는 저항운동을 펼쳤다. 1902년 4월 13일 엘리스가 필리핀에 도착했을 때까지도 미국에 대한 필리핀

* 제9대 미 해병대 사령관으로 1891년부터 1903년까지 재임했다.

인들은 저항은 계속되고 있었다. 당시 필리핀 주둔 미국 해병대의 공식 임무는 스페인으로부터 접수한 카비테(Cavite)의 해군 병탄창의 경비였으나, 해병대는 육군과 함께 마을을 순찰하면서 반란군을 소탕하기 위한 작전도 병행했다. 첫 번째 필리핀 파견기간 중에 엘리스는 육상부대와 함정을 오가며 근무했으며, 잠시 동안 켄터키함(USS *Kenturkey*)의 해병파견대장을 맡기도 했다. 1907년에서 1911년까지 2차 필리핀 파견기간에는 조셉 펜들턴(Joseph H. Pendleton)*과 존 러준(John Archer Lejeune)** 아래서 중대장으로 근무했다.

엘리스는 인사고과에서 항상 높은 점수를 받았다. 그의 근무평가 보고서에는 "대담한," "침착한," "세심한," "추진력 있는," "성실한," "근면한" 등과 같은 수식어가 따라붙었다.[2] 또한 엘리스는 고급지휘관의 부관(adjutant)으로 자주 근무했는데, 이는 현재 해병대의 작전장교(operations officer)와 유사한 직책이었다. 작전명령을 작성하는 것뿐이라 예하 부대의 과업을 지시하고 임무를 조정하는 업무를 수행하는 작전장교는 매우 중요하기에 통상 지휘관이 직접 선택하는 것이 관례였다. 참모로서 탁월한 능력을 인정받은 엘리스는 두 번째 필리핀 파견 근무를 마친 후 해병대사령부(HQMC) 참모로 발탁되었고, 얼마 지나지 않아 대위로 진급했다.

그러나 엘리스는 언제나 자신의 새로운 미래를 개척하기 위해 도전하는 사람이었다. 부임한 지 오래지 않아 사령부의 참모업무에 익숙해진 엘리스는 1911년에 당시에는 초창기였고 위험성도 높았던 항공단에

* 미 해병대 소장으로 해병 1여단장을 역임했다.

** 제13대 미 해병대 사령관으로 1920년부터 1929년까지 재임했다.

지원하게 된다. 그러나 엘리스의 재능을 눈여겨보고 있던 해병대 사령관 윌리엄 비들(William P. Biddle) 장군*은 엘리스를 항공단으로 보내는 대신 미 해군대학(Naval War College)의 하계 과정에 입교시켰다. 미 해군대학 교육과정 중 엘리스의 활약 및 성과는 나중에 자세히 살펴볼 것이다. 그러나 중요한 점은 그의 잠재력을 알아본 조직의 지도자가 본래 고급장교들을 위한 교육인 미 해군대학 교육과정에 대위밖에 안 되던 엘리스를 입교시켰기 때문에 그의 탁월한 지적능력이 빛을 발할 수 있었다는 것이다. 그때까지 엘리스가 받은 교육은 고등학교가 전부였다는 점을 고려할 때 비들 장군의 결정은 매우 파격적인 조치였다. 그러나 비들 장군의 직감은 옳았으며, 그의 이러한 조치는 이후 미국 해병대의 운명을 바꿔놓게 된다. 엘리스와 같은 사례는 오늘날 미 해병대에서는 거의 일어나지 않고 있으며, 있다 하더라도 고등교육을 너무 일찍 받는 장교는 경력에 손상을 입거나 심지어 진급에 불이익을 받을 가능성이 높다. 오늘날과 마찬가지로 당시의 군 인사 체계는 탁월한 능력을 보유한 소수인원을 발탁하여 잠재력을 최대한 활용하기보다는 능력이 탁월하지 않더라도 근무연수 및 서열이 차면 진급시키는 방식이었다. 특정 인물이 유능한 지력과 추진력을 보유했다 하더라도 고위직 인사가 그 능력을 알아보고 예외를 인정하는 경우에만 자신의 잠재력을 펼칠 수 있었던 것이다.

그러나 불행하게도 엘리스를 유명하게 만든 것은 그의 지적 능력만은 아니었다. 1914년경에 이르러 엘리스는 알코올 중독의 징후를 보이기 시작했다. 공식적으로 인사고과에 기록되어 있지는 않지만, 과거 필리핀에서 근무 시 해군 군종장교(軍宗將校)와 저녁 식사 중에 술에 취한 엘리스가 권총을 꺼내 군종장교의 유리잔을 쐈다는 소문이 파다하게 돌았

* 제11대 미 해병대 사령관으로 1911년부터 1914년까지 재임했다.

다. 이후 괌(Guam)에 근무할 때는 총독 지명자인 윌리엄 맥스웰(William J. Maxwell) 해군 대령과 공개석상에서 논쟁을 벌여 견책을 받았다. 다음 해 엘리스는 무기력증, 우울증 및 히스테리 진단을 받는 등 건강이 더욱 악화되었다. 엘리스의 이러한 모습은 생애 후반에 더욱 심각해지는 알코올 중독의 초기 징후였다.

엘리스는 미국이 제1차 세계대전에 참전하기 1주 전 소령으로 진급했다. 전쟁이 시작되었을 때 엘리스는 조지 바넷(George Barnett)*이 이끄는 해병대사령부의 참모로 근무하고 있었다. 엘리스는 유럽전장에서 전투를 지휘하는 대신 워싱턴의 사령부에서 전쟁을 보낼 운명인 듯했으나, 1917년 말 바넷 사령관이 해병부대의 운용을 점검하기 위해 그를 유럽전장으로 파견했다. 프랑스에 도착한 엘리스는 미국 원정군(American Expeditionary Force)과 퍼싱 사령관이 전투에 대비에 해병부대를 훈련시키기보다는 후방지역 업무나 다른 잡역에 활용하고 있다고 보고했다. 유럽전장에서 해병대가 어떠한 역할을 맡아야 하는지에 대한 논란은 계속되었고, 결국 바넷 사령관은 전장의 해병부대를 관리하도록 러준 장군을 프랑스로 보내게 된다. 프랑스에 도착한 러준 장군은 엘리스를 대동하고 프랑스 서부 전선으로 향했다. 미국원정군사령부에 도착한 러준 장군은 퍼싱 사령관의 설득에 성공했을 뿐 아니라 미국원정군에서 지휘권까지 맡게 되었다. 최초 러준은 위스콘신주 주방위군(Wisconsin National Guard)인 제32 사단의 제64 여단(The 64th Brigade)을 지휘했으나 이후에는 제4 해병여단장(The 4th Marine Brigade)이 되었다. 엘리스는 전쟁 후반 러준이 제2 보병사단장**으로 임명될 때까지 여단장 보좌관으로서 러준과 항상

* 제12대 미 해병대 사령관으로 1914년부터 1920년까지 재임했다.

** 당시 제2 보병사단은 육군 제3 보병여단, 제4 해병여단, 육군 제2 야전포병여단으로 구성되었다. 미군 역사상 해병대 장군이 육군 사단장을 맡은 몇 안 되

동행했다. 그리고 러준이 영전한 후에도 제4 해병여단에 계속 남아 웬들 "벅" 네빌(Wendell "Buck" Neville) 장군을 보좌했다. 당시 제6 해병여단 2대대장이었던 토마스 홀컴(Thomas Holcomb)*의 증언에 따르면, 여단장은 네빌 장군이었지만 실제로 여단을 운영하는 것은 "피트(Pete)"였다고 한다.

엘리스는 1918년 9월 13일부터 16일까지 벌어진 생미엘(Saint Mihiel) 전투**를 준비하기 위해 임시 중령으로 진급했다. 당시 그는 예하 부대에 시달할 작전명령을 작성하고 사상자보고서 작성했다는 기록은 있지만 실제 전투 중 어떠한 역할을 했는지는 알려지지 않고 있다. 한편 생미엘 전투 직후인 1918년 10월 초 러준이 지휘하는 제2 보병사단은 상파뉴(Champagne) 지역의 블랑 몽 능선(Blanc Mont Ridge)을 점령하는 작전을 수행하게 되었다. 블랑 몽 능선은 이전에 프랑스군이 3개 사단을 동원하여 탈취를 시도했으나 독일군의 반격으로 의해 산산조각이 난 적 있는 곳이었다. 러준 장군이 지휘하는 제2 보병사단은 전투 개시 후 3일 만에 능선을 점령하긴 했지만 많은 사상자가 발생했다. 러준은 이때의 피해를 평생 부담스럽게 생각했고, 생애 말기에 당시 높은 사상자 발생의 원인을 엘리스에게 돌리기도 했다. 그러나 당시 엘리스는 계속해서 제4 해병여단에 근무하고 있었기 때문에 엘리스가 제2 보병사단 전체의 작전계획을 수립했다는 역사적인 증거는 없다.[3)]

블랑 몽 능선 전투 시 아래와 같은 흥미로운 에피소드가 전해진다. 능선 공격 중 부대의 진격이 주춤하자 러준 또는 네빌이 엘리스를 호출

는 사례였다.

* 제17대 미 해병대 사령관으로 1936년부터 1943년까지 재임했다.

** 1918년 9월 벌어진 연합군의 대공세. 당시까지 연합군의 공세를 보조하던 미국 원정군이 최초로 주도하여 수행한 전투였다.

했다. 전령이 엘리스는 술에 취해있어서 오기 어렵다고 보고하자 장군은 "술 취한 엘리스가 여기 있는 멀쩡한 사람들보다 훨씬 낫네"라고 대답했다고 한다. 엘리스의 전기작가는 이 말을 러준이 했다고 기록하고 있으나, 홀컴은 네빌이 한 말이었다고 회고했다.[4] 러준, 네빌 그리고 홀컴은 이후 모두 해병대사령관이 되는 사람들이다. 블랑 몽 전투 후 독일 군대는 빠르게 붕괴하기 시작했다. 비록 엘리스는 전쟁 기간 동안 지휘관으로서 부대를 직접 지휘하지는 않았지만, 그 공적을 인정받아 해병대 공로 훈장(Distinguished Service Medal)과 해군 십자훈장(Navy Cross)을 받았다. 또한 프랑스 정부는 그에게 무공 십자훈장(Croix de Guerre)과 레지옹 도뇌르 훈장(Legion d' Honneur(Chevalier))을 수여했다.

전쟁이 끝난 후, 1919년 엘리스는 해병대사령부에 보직을 받았지만 근무에 지장이 있을 정도로 알코올 중독은 심해졌다. 엘리스의 알코올 의존은 이전부터 분명히 존재했지만, 제1차 세계대전 중 얻게 된 외상 후 스트레스 장애(Post-Traumatic Stress Disorder; PTSD)로 인해 더욱 악화된 것으로 보인다. 그가 실제로 전투에 참여한 적은 별로 없었지만, 여단의 전상자 보고서를 종합하고 보고하는 책임을 맡고 있었기에 사상자 명단을 작성하는 중에 정신적인 영향이 있었을 것이다. 1919년 의사는 엘리스는 신경과민, 우울증, 안면 경련 및 수전증, 불면증을 보인다고 진단했다. 이로 인해 엘리스는 해외근무에 배정되어 도미니카 공화국의 산토 도밍고(Santo Domingo) 기지 정보장교로 일여 년간 근무했다. 1920년 엘리스는 사령부로 복귀했고, 조지 바넷(George Barnett)의 후임으로 해병대 사령관에 취임한 러준 장군 아래에서 일하게 된다. 상부의 지시에 따른 것인지, 스스로의 선택에 의한 것인지는 알 수 없지만 이 기간 중 엘리스는 태평양의 전략문제를 집중적으로 연구하게 된다. (연구의 내용에 관해서는 이후 자세히 분석한다).

이후 엘리스의 생애는 베일에 싸여있다. 1921년에서 1923년까지 엘리스는 정보수집의 목적으로 일본이 위임통치하고 있는 태평양의 도서들을 답사한다. 이 정보수집 활동은 해군 정보국(Office of Naval Intelligence)에서 후원하고 러준 사령관이 지시한 것으로 보이나 확실한 증거는 없다. 그러나 알코올 중독이 더욱 심해져 중간에 많은 시간을 병원에서 보내야 했기에 그는 임무를 온전히 수행할 수 없었다. 한편 일본 정보당국 역시 엘리스의 활동을 파악하고 있었고, 일본 비밀경찰이 그를 계속해서 추적했다. 1923년 5월 12일 팔라우 제도(Palau)의 일본 행정청 당국자는 엘리스가 머물고 있던 숙소에 위스키 두 병을 선물로 보냈다. 엘리스는 위스키 두 병을 모두 마신 후 갑작스러운 죽음을 맞았다. 당시 일본당국이 보낸 위스키가 엘리스의 죽음의 직접적 원인이었는지 여부는 아직도 불분명하다.

엘리스는 그의 노력이 해병대에 가져온 변화, 그리고 그의 예측이 일본 과의 전쟁에 미친 영향을 보지 못하고 죽었다. 그러나 그는 당시 지정학적 형세 및 전쟁 양상에 대한 고찰을 바탕으로 전략적 추세의 변화와 미래 전쟁양상의 발전방향을 정확하게 예측했다. 엘리스는 시간이 흘러도 그 효용성을 잃지 않는 혜안과 아이디어를 우리에게 제공해 주었던 것이다. 그는 해병대 최초의 진정한 지식인이었으며, 미국 해병대에서 그를 능가할 만한 사람은 아직도 나타나지 않고 있다.

엘리스가 활동했던 20세기 초반 미국 해병대는 다양한 어려움에 직면하고 있었다. 당시는 포병 사거리와 위력의 확장, 간접지원 화력의 등장 및 기관총의 실용화로 사전 방어력이 구축된 적 해안에 대한 상륙작전은 과거에 비해 더욱 어려워진 상태였다. 반면 태평양 건너편에 막강한 군사력을 갖춘 경쟁자(일본)가 등장함에 따라 적전 상륙작전은 미국 군대에게 선택이 아닌 필수가 되었다. 따라서 미국은 과거 남아메리카 및 필리핀 등지에서 반군진압 및 안정화 활동 수준의 작전밖에 경험해보지 못했던 해병대를 현대적 상륙작전이 가능한 조직으로 변모시켜야 했다. 또한 태동기에 있던 항공전력을 상륙작전의 수행개념과 구조편성에 어떻게 통합시켜야 하는 것도 해결해야 할 문제였다. 그리고 상륙작전의 성공적 수행을 위해서 동맹국 군대와 긴밀한 정보소통의 필요성도 대두되었다.

엘리스가 살던 때로부터 100여 년이 흐른 지금, 21세기의 상륙작전은 정밀 유도미사일의 고도화 및 기타 반접근/지역거부(anti-access/area-denial; A2/AD) 체계의 발전으로 인해 더욱 어려워지고 있다. 미국은 태평양을 무대로 이번에는 중국과 경쟁을 벌이고 있는 바, 유사 시 해군 작전을 위해서는 전진기지(Advanced Base)가 반드시 필요하다. 그러나 현재 미국이 서태평양에 보유하고 있는 전진기지들은 중국의 공격 범위 내에 위치하고 있기 때문에, 유사 시 전진기지를 확보하기 위해서는 이 기지들을 적의 공격으로부터 방어하거나 새로운 전진기지를 점령해야 한다. 미 육군이나 해병대는 십여 년 전부터 전진기지의 방어 및 점령을 위한 작전개념을 준비해 오고 있다. 그리고 21세기에는 수많은 무인 항공기 및 무인체계가 등장하고 있으며, 미군은 이 신무기체계를 기존 편제 및 체계에 통합시켜 이를 효과적으로 운용할 수 있는 방법을 찾아야 한다. 또한 동맹국과 함께 전쟁을 수행하는 것은 이제 선택이 아니라 필수가 되었다. 이렇게 현재 직면하고 있는 전략과 작전양상의 변화를 예측하고 그에 대한 대안을 마련해야 한다는 점은 엘리스가 살던 시대와 유사하다 할 수 있다.

최근에는 상륙작전의 특성에 대한 새로운 예측도 등장했다. 데이비드 킬컬렌(David Kilcullen)은 그의 저서 『산에서 내려오다: 도시 게릴라 시대의 등장(*Out of the Mountains: The Coming Age of the Urban Guerrilla*)』에서 현대 전쟁의 특징을 인구의 증가, 연해도시의 발전, 도시화의 심화, 연결성 확대 등 네 가지로 설명했다. 그는 점점 더 많은 사람들이 해안의 도시 지역으로 이동함에 따라 이 지역을 무대로 한 무력충돌의 빈도가 높아질 것이며, 그러한 무력충돌은 본질적으로 "비정규전"이 될 것이라 주장했다. 킬컬렌은 이러한 경향이 향후 전쟁에 미치는 영향을 다음과 같이 예측하고 있다. "세계의 중심이 연안으로 이동함에 따라 이러한 임무에 특화된 해병대가 복잡한 원정작전을 수행하기 위한 최적의 전력이 될 것이다"라는 주장이다.[5] 여기서 언급해 둘 점은 연안에서 직접 전투를 수행하는 것은 해병대이지만, 해병대를 연안까지 이동시켜주고 엄호해 주는 것은 해군이라는 점이다.

현대 상륙작전의 또 다른 특성은 반접근/지역거부(A2/AD) 체계의 확산으로 인한 어려움의 증가이다. 상대방이 특정한 영역으로 접근하는 것을 거부하는 장거리 공격무기체계와 특정 영역 내로 진입한 상대방의 행동의 자유를 빼앗기 위한 중·단거리 공격무기체계로 구성된다.[6] 과거 20세기 초 포병의 화력 증대 및 기관총의 등장이 상륙작전의 양상을 바꿔놓은 것과 유사하게 이러한 장거리 정밀유도무기 및 진화된 방공무기체계로 인해 해군은 적 해안까지 진출하여 작전할 수 없게 되었으며, 공군은 적 해안방어 시설을 무력화시키는 것이 더욱 어렵게 되었다. 이러한 전장 환경의 변화에 대응하기 위해 미 해군과 공군이 발전시킨 개념이 바로 "공해전투(Air Sea Battle)"이다. 그러나 해군과 공군이 공해전투를 수행하기 위해서는 이를 지원하는 기지가 있어야 하여, 자연히 이를 확보하기 위해서는 상륙작전부대를 활용해야 한다. 엘리스가 백여 년 전에 언급한 것처럼 미군이 태평양을 횡단하여 상대방을 제압하기 위해서는 여전히 전진기지가 필요한 것이다. 해상에 떠있는 선박을 전진기지로 활용한다는 해군의 "해상기지(sea basing)" 개념은 이러한 요구를 충족시키려는 하나의 방법이 될 수 있다. 그러나 이는 임시방편이며, 궁극적으로는 실제 도서를 점령, 활용하는 것이 필요할 것이다. 과거 엘리스가 수행했던 전진기지에 관한 연구는 현재의 전진기지의 설치 및 방어 문제와도 큰 관련성이 있는 것이다.

100여 년 전 엘리스의 아이디어와 최근의 공해전투 수행을 위한 전진기지에 관한 논의는 모두 해외에 전개된 미군전력의 운용과 관련되어 있다. 통상 미국이 개입한 분쟁 지역과 미 본토는 멀리 떨어져 있기에 미국의 입장에서 해외에 배치된 전력이 제 기능을 발휘할 수 있도록 지속지원하는 것은 그때나 지금이나 매우 중요한 문제였다. 그리고 미국의 전방 전개부대 및 원정군은 미래에 발생할 수 있는 분쟁에서도 핵심적 역할을 하게 될 것이 분명하다. 최근 미국의 지속적인 국방 예산의 삭감에도 불구하고 미 해병대는 신속대응분야의 역량을 계속 확대하고 있다. 실례로 최근 미 해병대는 유럽에 위기대응 해병공지기동부대(Special Purpose Marine Air–Ground Task Force Crisis Response)를 창설하였으며 이 조직은 태평양 및 남미까지 확대 배치될 예정이다.

엘리스의 연구는 미국 해병대가 지금과 같은 모습으로 발전하는 데에도 큰 영향을 미쳤다. 1920년대 미 해병대의 현대적 혁신을 주도한 사람은 러준 사령관이지만, 그에게 혁신의 이론적 토대를 제공한 것은 바로 참모였던 엘리스였다. 당시 러준 사령관은 해병대 개혁에 관한 그의 구상을 창간된지 얼마 되지 않은 해병대지(*Marine Corps Gazette*)에 게재하였는데, 글의 첫 번째 페이지에 그의 구상은 엘리스의 해군대학 강의록에서 도출된 것이라 밝혔다. 그리고 1921년 러준 장군이 엘리스가 작성한 '미크로네시아 전진기지작전(*Advanced Base Operations in Micronesia*)' 연구보고서를 해병대의 공식 "전쟁계획"으로 승인함으로써 현재의 전방전개부대 개념이 해병대에서 최초로 가시화되었다. 태평양 전쟁 시 미 해군과 해병대의 전쟁수행의 청사진이 된 '미크로네시아 전진기지작전' 연구보고서에서 엘리스는 언젠가는 일본과 전쟁이 발발할 것이라 예측 했다. 그리고 일본본토 침공을 위한 전진기지를 확보하고 해군작전을 지원할 수 있는 미 해병대의 조직편성 등을 제시하여 어떻게 하면 미국이 일본과의 전쟁에서 승리할 수 있는가를 명확히 제시했다. 엘리스는 이 연구에서 오늘날 해병공지기동부대(Marine Air-Ground Task Force)로 구체화된 해병기동부대의 원형을 최초로 제안하기도 했다. 그는 항공전력은 미래 상륙작전에서 일정한 역할을 할 수 있다고 개략적으로만 추정하고, 지상전투제대와 군수전투제대만 해병기동부대에 포함시켰으나 이는 항공력의 운용 개념이 명확히 정립되지 않았던 당시의 상황에서는 당연한 것이었다. 이 책에는 현대 미국 해병대의 정체성을 확립하는 데 기여한 엘리스의 해군대학 재직 중 연구보고서, 해군대학 학생장교들을 위한 강의록, 그리고 해병대사령부에 제출하기 위해 작성된 보고서 등을 선별하여 수록했다.

엘리스는 모듈화된 편조, 전방전개 임무 수행 등과 같은 지금과 같은 미국 해병대의 모습을 설계하였을 뿐 아니라, 미 해병대가 이전부터 수행해 오던 소규모 전쟁(small war)에 관해서도 탁월한 관점을 제시했다. 엘리스는 해병대지에 게재한 "부시여단(Bush Brigades)"이라는 글에서 필리핀에서 근무한 경험을 바탕으로 게릴라 진압작전의 원칙을 논했는데, 그가 제시한 많은 개념들이 이후 해병대 정식 교리에 반영되었다. 1938년 미 해병대는 엘리스의 원칙을 반영한 『소규모 전쟁 교범(*Small War Manual*)』*을 정식으로 채택했고, 이 교범은 최근까지도 미 해병대에서 영향력을 발휘하였다. 특히 미 해병대의 '항구적 자유작전(Operation Enduring Freedom)' 및 '이라크 자유 작전(Operation Iraqi Freedom)'의 수행에 큰 영향을 주었고 그 내용이 『대반란전 야전교범(*Counterinsurgency Field Manual*, FM3-24)』으로 계승되었다. 1916년의 글에서 엘리스는 이미 대반란전에서 주민통제의 중요성, 정보작전 및 민사작전의 기초 개념 등

---

* U.S. Marine Corps. *Small Wars Manual*(FMFRP 12-15). 1938.

을 언급하고 있다. 그는 다른 어떠한 군사 이론가들도 제시하지 못한 대반란전의 본질을 그 당시 이미 파악하고 있었던 것이다.

엘리스가 제시한 또 다른 혜안은 연합작전과 다국적 협력을 강화해야 해야 한다는 것이었다. 미국 해병대가 참가한 최초의 연합작전은 20세기 초 중국의 의화단 운동(Boxer Rebellion)*에 대응하여 8개국 연합군의 일원으로 북경의 외국인 조계지(租界地)를 방어한 작전이었다. 제1차 세계대전의 참전 경험을 통해 엘리스는 연합군과 작전 및 행동을 조율하는 것이 매우 어렵다는 것을 깨달았다. 엘리스는 해병대지에 기고한 "세계대전 시 연락 문제(*Liaison in the World War*)"이라는 글에서 연합작전 수행 간 소통의 문제점 및 이에 대한 해결책을 제시했다. 이 글 역시 본서에 수록하였다.

엘리스는 조직에 대한 헌신과 책임감을 바탕으로 혁신적인 연구성과를 내놓을 수 있었다. 그의 저작을 읽으면서 우리는 급변하는 전장환경과 전투양상에 대처하는 데 필요한 작전술(作戰術) 대한 이해도를 높일 수 있을 뿐 아니라 전략적 사고 역시 확장 수 있을 것이다. 엘리스는 스스로 연구하고 끊임없이 노력하는 해병대 장교의 전형을 보여주었다. 엘리스가 알코올 중독자이었다는 것이 유일한 오점이긴 하지만, 그의 혁신적 아이디어와 논리적인 연구가 없었다면 오늘날의 미국 해병대는 지금과 같은 모습을 갖출 수 없었을 것이다. 대부분의 강대국들이 상륙작전부대를 확장하고 전력투사능력을 강화하고 있는 현재의 세계적 추세 속에서,

---

* 중국 청나라 말기에 일어난 외세 배척 운동. 1900년 6월, 베이징에서 교회를 습격하고 외국인을 박해하는 의화단(義和團)을 청나라 정부가 지지하고 대외에 선전 포고를 하였기 때문에, 미국을 비롯한 8개국 연합군이 베이징을 점령·진압한 사건이다. 당시 미국은 1개 해병대대를 포함한 총 2,500명의 병력을 파병했다.

미군이 배출한 위대한 군사 혁신가의 업적을 살펴보는 것은 매우 시의적절한 일이라 생각한다.

제1장

엘리스와 대반란전

제1장 엘리스와 대반란전

엘리스가 위관장교로 근무하던 20세기 초 미국 해병대는 상륙작전보다는 대반란전 임무에 더욱 치중하고 있었다. 엘리스가 해병대에 입대할 당시는 미국이 해외 군사개입을 활발히 하던 때였는데, 이러한 활동은 특히 남미지역에 집중되었다. 제1차 세계대전이 발발하기 전까지 미국은 쿠바, 니카라과, 파나마, 아이티, 도미니카 공화국에 군사적으로 개입하였고 멕시코 및 스페인과는 공식적인 전쟁을 치렀다. 그리고 미국-스페인 전쟁의 대가로 미국은 스페인 영토였던 필리핀을 할양받았다. 이때부터 미국은 필리핀 독립세력과 지루한 전쟁을 치르게 된다.

엘리스는 미군과 현지 독립세력 간의 치열한 전투가 거의 끝나가는 시점에 필리핀으로 부임했다. 당시 현지에서 전면적인 무력충돌의 수준은 낮았지만 치안유지활동은 지속할 필요가 있었다. 필리핀에 부임한 엘리스가 처음 맡게 된 임무는 루손섬 카비테(Cavitie)에 있는 해군요새를 방어하는 임무였다. 기지의 방어를 위해서는 주변지역의 치안 유지가 우선적으로 필요했고, 배치된 해병들은 주변지역을 지속적으로 순찰하여 기지의 안전을 확보했다. 젊은 엘리스는 즉시 기지외곽 순찰 책임자로 부임되었고, 그 직책을 통해서 "전쟁을 하는 법"을 배웠다.

본 장에 수록된 "부시여단(Bush Brigades)"이라는 제목의 논문에서 엘리스는 비록 대반란전이라는 용어를 사용하진 않았지만 현재의 대반란전 수행에 필요한 고유의 전술과 전략에 대해 논하고 있다. 이 논문은 엘리스가 소령이었던 1921년에 미국 해병대지(*Marine Corps Gazette*)에 개재되었으나, 그 논문의 내용은 중위 시절 필리핀 근무경험에서 비롯된 것이 틀림없다.

이 논문을 읽다보면 시공을 초월한 엘리스의 혜안과 사상을 느끼게 된다. 당시 엘리스는 중위에 불과했지만, 명확한 시각으로 주변의 상황을 고찰했다. 논문에서 가장 탁월한 부분은 대반란전에서 현지주민의 중요성을 강조한 것이라 할 수 있다. 엘리스가 논문에서 지속적으로 주장한 현지주민과 반란군 연계성에 대한 개념은 후세 대반란전 연구자들에게 큰 영향을 주었다. 엘리스는 다음과 같이 주장한다. "저항세력은 지역 내 현지주민들 사이에서 활동할 것이다. 현지주민이 거주하는 취락(聚落)은 저항군의 보급기지나 다름없다. 다시 말하면 저항세력은 지형에 가장 익숙하고, 최고의 정보채널을 가지고 있기 때문에 우리가 어떠한 노력을 펼치더라도 그들의 행동의 자유를 제약할 수 없을 것이다. 이러한 저항세력은 가장 다루기 어려운 비정규군이라 할 수 있다. 이들은 전쟁의 규칙을 무시하고 암살도 거리낌 없이 자행할 것이며, 우리의 토벌의지가 꺾일 때 까지 도발과 은폐를 반복할 것이다."

엘리스는 저항세력과 현지주민과의 연관성에 대해 여러 차례 언급하면서 "현지주민들은 대부분 저항세력의 활동을 지지할 뿐 아니라 이들에게 물질적 지원 역시 아끼지 않을 것이다. 따라서 저항세력은 현지주민 내부에서 활동할 것이 분명하다"라고 언급했다. 엘리스가 이러한 내용을 서술한지 16년이 지난 1937년, 중국 공산당의 지도자 마오쩌둥 역시 『유격전쟁(游擊戰爭)』이라는 저술에서 중국공산당의 게릴라전 요령에 관해 유사한 언급을 하기도 했다.*

엘리스는 또한 점령군이 현지주민들을 어떻게 대해야 하는지 이해하고 있었다. 그는 먼저 당시 일반적으로 적용되던 비효율적인 대반란전 전술을 설명한다. 그리고 현지주민을 위협하는 이러한 고압적인 전술은 "현지주민들의 적대감을 고조시키고 그들과의 우호관계를 영원히 단절시킬 우려가 있다"고 주장한다. 또한 "소수의 저항세력을 공격하기 위해 시가전(주민이 밀집된 도심지역)에서 포병화력을 운용하는 것은 무고한 주민들의 생명을 위태롭게 할 수 있기 때문에 극도의 주의를 기울여야 한다"고 언급하며 대반란전에서 화력운용에 신중을 기해야 함을 강조했다. 당시는 항공력이 걸음마 수준인 시대였기 때문에 엘리스는 포병화력의 운용만을 언급했지만 이러한 주장은 현재 대반란전 수행 시 항공화력 운용 측면에도 그대로 적용될 수 있는 내용이다.

엘리스는 현재까지 영향을 미치게 되는 대반란전 전술에 관한 그의 신중한 견해를 다음과 같이 제시했다. "점령국 주민에게 불필요하게 가혹한 조치를 취하여 현지주민과 점령군 간의 우호관계를 손상시키는 것은 미국의 정책에 반하는 것이라 단언할 수 있다." 엘리스의 이러한 주장은 현재의 정책입안자들 역시 명심해야 할 내용이다. 또한 이러한 견해는 대반란전에서 정책과 전략의 역할뿐 아니라 전술은 정책과 전략의 달성에 기여해야 한다는 점을 명확히 보여준다. 엘리스는 데이비드 갈룰라(David Galula)가 주민 중심의 대반란전 접근법(population-centric counterinsurgency approach)을 주창하기 수십 년 전에 이미 동일한 내용을 언급했다. 그리고 아랍에서 게릴라전을 직접 이끈 토마스 로렌스(T. E. Lawrence)는 엘리스 사후 3년이 지난 1926년이 되어서야 그의 게릴라전

---

* 미국 해병대는 1940년 이 저작을 영문으로 번역하여 참고교범으로 발간한 바 있다. U.S. Marine Corps. *Mao Tse-tung on Guerrilla Warfare*(FMFRP 12-18). 1989.

에 관한 저서인 『지혜의 일곱 기둥(*Seven Pillars of Wisdom*)』*을 세상에 내놓았다. 이러한 사실은 엘리스가 그 누구보다도 대반란전의 본질을 꿰뚫어보고 있었다는 것을 보여준다고 할 수 있다.

대반란전 수행과 관련하여 엘리스가 가장 중요하다고 생각한 요소는 바로 전략적인 정당성의 확보 및 이와 연계된 대반란전 수행부대의 사기였다. 그는 "*먼저 대반란전 수행에 관한 합법성과 당위성이 확보되어야만 각개병사의 전투의지가 확고해 질 수 있다. 이것은 반란군을 소탕하기 위한 모든 군사작전에서 기본요소이다.*"라고 주장했다. 엘리스는 전략적 최종상태(end state)가 정당한지 여부가 전술적 차원의 실제 임무수행제대의 사고와 심리에 영향을 미친다는 점을 간파하고 있었다. 만약 병사들이 자신들이 봉사하는 국가가 정의롭지 않거나 비도덕적인 목표를 추구하고 있다고 생각한다면 작전수행에 끔찍한 영향을 미칠 수 있다. 병사들의 심리적 혼란은 사기에 악영향을 끼치게 되며, 사기가 떨어지면 자연히 전투수행능력이 저하고, 결국에는 잔학행위를 초래하게 된다. 엘리스는 이러한 문제를 예방하기 위해서는 대반란전 임무를 수행하

---

* 토머스 에드워드 로렌스(Thomas Edward Lawrence)는 옥스퍼드 대학의 사학과를 수석으로 졸업했다. 그는 유프라테스 강에서 발굴 작업을 하던 대영박물관 원정대의 일원으로 1914년까지 메소포타미아, 소아시아, 그리스, 이집트 등지를 조사했다. 이 기간 동안 로렌스는 아랍인들의 문화 및 언어를 배웠다. 1914년 제1차 세계대전이 발발하자 로렌스는 카이로의 육군 정보부에 부임, 시나이 반도의 지도를 제작하다가 1916년에 메소포타미아 지역으로 파견되었다. 그 후 로렌스는 영국 외무부의 후원으로, 아랍 반란을 성공적으로 이끌기 위해 메카에서 후세인 셰리프와 그의 아들 파이살을 만나 적극적으로 아랍 독립 전쟁에 참여하기 시작했다. 이후 로렌스는 아랍 병사들을 이끌고 시리아를 침공하는 영국군을 지원하는 임무를 맡게 되고, 곧이어 전쟁의 종착지였던 다마스쿠스까지도 장악한다. 『지혜의 일곱 기둥』은 바로 이때의 경험담을 담고 있다. T. E. 로렌스 저, 최인자 옮김. 『지혜의 일곱 기둥 1, 2』. 서울: 도서출판 뿔, 2006 참고.

는 부대에 분명한 전략적 지침을 제공할 것을 주장했다. 미국이 이러한 엘리스의 주장을 새겨 들었다면 아프가니스탄전쟁이나 이라크전쟁을 좀 더 수월하게 수행할 수 있었을 것이다.

이 논문의 제목은 "부시여단"인데, 대반란전 수행에 적합한 혁신적인 전투부대의 조직편성에 대해 논하고 있다. 이 논문에서 엘리스는 대반란전 수행을 전담할 부대의 필요성과 임무를 설명했는데, 이 내용은 최근 아프가니스탄 전쟁에서 미군이 수행한 "소탕(clear) – 확보(hold) – 재건(build)"이라는 대반란전 교리의 원형이라 할 수 있다.* 또한 오늘날 전방작전기지(FOB; forward operating base)와 유사한 "방호초소(fortified post)"의 운용개념도 제시하고 있다. 엘리스는 여기서 대반란전 수행부대 참모들이 전투에서 승리하는 것보다 어떻게 하면 전투를 회피할 수 있는지를 설명한다. 그는 논문 전반에 걸쳐 정보작전의 중요성에 대하여 언급하는데, 특히 대반란전 시 군사경찰(military police)의 유용성을 강조하고, 인적요소 간의 상관관계 분석과 첩보 수집의 중요성을 설명한다. 그러나 미군은 이라크전과 아프가니스탄 전쟁 이전까지 이러한 대반란전 수행 원칙들을 제대로 실천하지 못했다. 엘리스는 또한 당시 전쟁에서 광범위하게 영향을 끼친 경향을 기술했는데, "이전까지 반란군은 산악이나 오지(奧地)에서 주로 활동했으나 전 세계적으로 반란전은 도시와 시가지를 무대로 한 대대적이고 조직적인 저항으로 그 양상이 변화하고 있다."고 언급했다. 엘리스는 게릴라전의 무대가 도시로 확대될 것이라 예측하였는데, 이는 92년 후인 2015년 데이비드 킬컬렌(David Kilcullen)이 저술한 『산에서 내려오다: 도시 게릴라 시대의 등장』에 그대로 등장하게

---

* 미국의 대반란전 수행단계로서 먼저 반란세력을 소탕한 다음, 안전하게 작전지역을 장악하며, 정부통치체계를 굳건하게 재건하는 것을 말한다. U.S. Joint Chiefs of Staff. *Counterinsurgency*(JP 3-24). 2018. 4.25.

되는 것이다.

엘리스는 해병대 고위 인사들이나 해병대의 관련 부서의 요청에 따라 당시 미국 해병대의 주요 현안에 관해 연구하고 그와 관련된 글을 발표한 경우가 많았다. 이 논문이 쓰여 진 1921년 당시 미국 해병대는 이미 "소규모 전쟁(small wars)"에서 많은 경험을 축적한 군대였다. 동시에 제1차 세계대전에서 미 육군과 나란히 악전고투를 겪으며 해상의 신속대응부대로서 뿐 아니라 지상군으로서의 임무도 훌륭하게 임무를 수행했다. 엘리스는 해병대의 공식적 임무 및 역할에 "소규모 전쟁" 수행을 포함시키려 노력했고, 이를 위해 대반란전 임무를 전담할 부대가 필요하다고 주장했던 것이다. 그러나 엘리스는 미 해병대가 거쳐 온 역사적 궤적에 대한 분석에 그치지 않고 당시의 추세를 기반으로 미래를 예측하고 이에 대한 논리적 대비방안을 도출했다. 그의 시대를 앞선 대반란전에 대한 분석 및 평가는 미 해병대의 대반란전 교리 정립에 기여하게 된다. 미 해병대에서 발간한 『소규모 전쟁 교범(*Small War Manual*)』(1938)은 역대 대반란전 관련 교리 중 가장 탁월한 내용을 담고 있다고 인정받고 있다. 당시 이 교범을 연구한 장교들은 엘리스를 몰랐을 수도 있지만 그가 쓴 대반란전에 관한 논문 내용은 확실히 인지하고 있었음에 틀림없다. 1936년부터 1943년까지 미 해병대사령관으로 재직했으며, 이 교범의 발간을 승인하기도 했던 토마스 홀컴 장군 역시 엘리스에 대해 잘 알고 있는 사람이었다.

아쉽게도 여기서 소개하는 엘리스의 논문에는 당시 만연하던 백인우월주의 및 인종적 편견 등이 일부 반영되어 있다. 본문에서 엘리스가 반란군을 완전히 진압하기 위해서는 강경한 전술의 집행이 필요하다고 주장한 것은 이러한 당시의 시대상이 변영된 것으로 보인다. 그러나 이러한 편견은 전체적인 대반란전의 전략 방침에까지는 영향을 미치지 않았다. 전술은 전략적 목표를 달성하는 데 종속되어야 한다는 전략에 대한 그의 혜안 덕분에 편견의 부작용을 최소화할 수 있었던 것이다.

부시여단, 1921년

(BUSH BRIGADES, 1921)

국제사회에서 다른 어떤 나라보다도 진보적이고 이타적인 국가인 미국은 “새로운 운동(New Movement)”에서도 선도적 역할을 하고 있다. “청소(clean up)”는 이 나라의 특기이기에 미국은 질병이든 국가든 간에 어떤 한 것이라도 “깨끗하게” 만들 수 있는 것이다.

혼돈 속에서 질서를 확립하고 약소국가에게 나아갈 방향을 제시해 주는 이 과업은 대부분의 사람들을 만족시키고 있다고 생각된다. 자국에 비판적인 일부 미국인을 제외하면 말이다. 과거 반란군을 지휘하던 장군들은 근사한 밀짚모자를 짜느라 바쁘고, 농부들은 역사상 가장 안정적인 환경에서 안심하고 농사를 짓고 있다. 또한 아이들은 모두 학교에 다니고 있으며, 광장에서 국가가 운영하는 복권을 추첨하고 있다. 그러나 대다수 사람들의 얼굴에서 걱정거리가 사라진 이러한 평온한 시기에 일부 사람들이 몸을 일으켜 소리를 지른다. “해병대가 정글로 들어가서 전쟁 때처럼 사람을 죽였어! 이제까지 우린 아무것도 몰랐어! 맙소사!” 그리고 사람들은 마치 제1차 세계대전의 연락장교처럼 이곳저곳을 들쑤시고 다니면서 잔학행위를 한 사람을 조사하여 처벌해야 한다는 운동을 벌일 것이다.

해병대에서는 미국이 약소국을 책임지는 것은 순전히 이타적인 동기에 의한 것이라고 믿고 있다. 군사 문제의 문외한들은 틀림없이 군대는 이러한 고차원적 수준까지는 고려하지 않는다고 생각하겠지만, 바로 이러한 이타적 동기로 인해 전투원 개개인의 사기가 앙양될 뿐 아니라 그것이 모든 군사 작전의 기초를 형성하게 되는 것이다. 또한 해병대가 현지에 주둔하여 항상 준비태세를 유지하는 자체로 이점이 있음을 주지해야 한다. 그것만으로도 우려되는 윤리적 문제를 해결하기에 충분하다.

한 국가가 다른 민족의 일에 간섭하게 되는 동기는 다양하다. 이러한 활동은 자국민 또는 외국인의 생명과 재산의 보호, 국제적으로 합의된 의무를 이행할 수 있는 안정적인 정부의 수립, 약소국가들의 국제사회의 정식 성원으로 인정받는 데 필요한 교육과 훈련 제공, 아니면 미국의 먼로 독트린 전통에 따른 도덕적 의무감 등을 이유로 발생하게 된다. 그러나 대부분의 사람들이 볼 때, 간섭의 배경은 너무 복잡하게 얽혀있어 그 실제적 이유는 완전히 가려져 있다는 것을 알 수 있다.

그러나 그 동기가 무엇이든 간에 간섭은 통상적으로 공식적인 합병 선언(Proclamation of Occupation)과 같은 방식으로 점령군에게 군사행동의 근거를 제공하며, 이것은 주민들에게도 마찬가지이다. 점령군과 현지주민들은 같은 공간 내에서 상호 접촉하면서 생활하게 되는데, 다른 세력이 방해하는 경우를 제외하고는 대부분 서로 잘 지낸다.

우리가 관심 가지는 약소국 주민의 경제적 상황은 대부분 비슷한 특성을 가지고 있다. 많은 사람들이 농사에 의지하여 살아가기 때문에 대부분 자신들의 땅에 큰 애정을 가지고 있다. 그러나 이러한 주민들의 심리와는 반대로 약소국가에서는 공식적 토지 등록제도가 미비할 뿐 아니라 토지 조사도 제대로 되어있지 않은 경우가 많다. 이러한 상황은 주민들의 불안을 초래하기 마련이다. 생산자 간 교류와 시장 문제에 관해 살펴보면, 보통 약소국은 삼림이 빽빽하고 산악지형으로 이루어진 경우가 많으며, 지역 간 교통수단도 부족하다. 특히 후자로 인하여 특정지역의 생산자는 물건을 시장에 팔지 못하거나 유일하게 팔수 있는 대상이 자신들에게 적대적인 다른 약소국이 될 수도 있다.

위의 약소국 주민들을 대상으로 군사력을 투입하는 상황을 고려해 보자. 군사력의 사용은 최소화하는 것이 바람직 하지만 현지주민을 통제하기 위해서는 최소한의 무력 사용은 필요하다. 일반적으로 점령군은 아래와 같은 저항에 직면하게 될 것이다.

(a) 산발적인 상륙거부 시도
(b) 도심지에서 크고 작은 저항활동 후 정글로 도주
(c) 무장단체의 조직 및 활동(최초에는 공공연한 전투를 감행하다 게릴라전으로 전환)
(d) 점령군과 주민을 무차별적으로 약탈, 살해하는 불법조직의 활동

일반적으로 적 비정규군이나 게릴라 조직은 기습, 매복 공격, 암살 등을 감행할 것이다. 현지주민들은 대부분 저항세력의 활동을 지지할 뿐 아니라 이들에게 물질적 지원 역시 아끼지 않을 것이다. 따라서 저항세력은 현지주민 내부에서 활동할 것이 분명하다.

특정 세력이 국가의 가장 비옥한 지역과 시장을 통제하고 있다면 실질적으로 국가 전체를 지배한다고 할 수 있는데, 그 지역에 외국인 및 주민들의 재산이 대부분 위치하고 있을 것이기 때문이다.

약소국가들은 일반적으로 국토의 면적이 작고 자연환경이 대부분 비슷하다. 대부분 높고 험한 고산지대를 산호초 지반의 화산대가 둘러싸고 있는 형태로 이루어져 있다. 제한된 경작지역과 초원(사바나, 라노스, 팜파스)을 제외하고는 대부분의 지역은 수목이 빽빽하게 밀집되어있거나 정글로 뒤덮여 있다. 육상의 교통수단은 턱없이 부족하며, 해상이동이 주요한 교통수단이다. 일반적으로 지역의 비옥한 산물이 집결하는 곳은 계곡이 끝나는 지점, 즉 가장 가까운 항만이 된다. 약소국의 이러한 지리적 여건을 고려하여 단계별 점령전략을 아래와 같이 수립할 수 있다.

(a) 동시 다발적 상륙을 통해 국가의 문호(門戶)가 되는 중요 항만을 일괄적으로 접수한다.
(b) 항만부터 주 경제활동지역까지 일정 간격으로 요새화된 방어기지를 설치한다. 이 기지들은 불안정한 주민을 안정시키고 기동부대의 운용에 필요한 재보급 기지의 역할을 한다.
(c) 고립된 지역은 유격대(flying columns)를 투입하여 반란세력을 소탕한다.

단계별 전략은 적이 대응할 수 없도록 가능한 신속하고 기습적으로 이루어져야 하며, 일단 시작하면 최종단계까지 중단 없이 수행해야 한다. 임무수행이 둔화되면 적은 우리를 의지가 확고하지 않은 것으로 간주하고 저항을 지속할 수 있다. 이것은 결과적으로 적대행위의 장기화를 초래하여 모두에게 심대한 고통을 초래할 것이다.

정식 상륙작전을 시행할 경우 항만에 상륙하여 적을 소탕하는 것은 어려운 문제가 아니다. 그러나 통관부두와 같은 곳에 행정상륙하는 것은 사전에 배치된 적의 공격을 부추길 수 있으며, 공격을 받을 경우 반격이 어렵다는 문제가 있다. 어떤 방식으로 항만에 상륙하든 해병대는 적이 먼저 공격하지 않으면 싸우지 않을 것이지만 일단 공격받게 되면 즉시 반격하여 임무를 완수할 수 있어야 한다.

몇몇 사람들은 제한된 목적, 즉 세관이나 다른 특정 시설을 장악하기 위해서라면 "평화적인 상륙"이 이루어져야 한다고 주장하기도 한다. 평화적 문제해결과는 별개로, 상륙부대는 일단 상륙하게 되면 부여된 임무가 완전히 끝나기 전까지는 항만의 통제를 위해 분산되어야 한다. 과거 사례를 돌아볼 때 약소국을 점령하는 임무는 평화적으로 수행되지 않을 가능성이 높다는 것을 보여준다.

가장 이상적인 방법은 항구와 가까운 한 지점 또는 여러 지점에 기습적으로 상륙하여 도심을 포위한 다음(소탕작전을 위한 지휘소 확보 후), 저항군을 소탕하는 것이다. 도심의 포위(또는 통제)는 여러 가지 측면에서 매우 중요하다. 아군이 항만 시설이 통제하고 있고, 도심에 위치한 적을 완전히 포위하여 도주하지 못하게 한다면 별도의 부대를 편성하여 산악 등 오지로 도주한 적을 추격할 필요가 없을 것이며, 점령군은 차기 작전목표로 계속 전진할 수 있기 때문이다. 점령군이 작전하기에 가장 이상적인 조건은 적보다 높은 위치에서 바다 쪽을 바라보며 전진하는 것이다. 이렇게 되면 아 해군과 상륙부대의 지원을 최대한 활용하고, 아군 간 오인사격의 위험을 줄일 수 있어 완벽한 결과를 가져 올 것이다. 또한 도심의 점령이 평화적 방식이 아닌 군사작전으로 진행될 경우에는 행동이 급속히 전개되어 적이 저항할 수 있는 시간적 여유가 부족하기 때문에 유혈사태의 발생가능성을 낮출 수 있다.

점령 작전의 성공 여부는 적절한 상륙방식을 선정하는 것뿐 아니라, 참모들의 완벽한 임무 수행, 적절한 전투대형 편성, 화기의 가용성 및 협조 여부에 달려 있다. 참모들은 지역목표와 중요도로를 사전에 지정해야 하고, 각 구역마다 사전에 지시된 방향으로 전진하도록 해야 하며, 부대 간 협조를 위한 절차를 사전에 구상해야 한다.

도심에서 작전 중 점령군이 직면하게 될 저항은 상황에 따라 달라질 것이다. 통상 저항군은 산재된 건물 및 도로 등에 기대어 강력한 저항을 하겠지만 체계적이지 못할 것이며, 저항은 소위 궁전, 경찰서 및 군대 주둔지, 그리고 번화가 지구 및 광장 등을 중심으로 이루어질 것이다. 그러나 저항심리를 가진 일부 주민들이 조직적인 저항에 나설 수 있기 때문에 이에 대한 대비가 필요하다. 일반적 상황에서 도심 확보작전에 가장 적합한 전투대형은 아래와 같이 전투부대를 선형으로 배치하는 것이다.

1선 — 각 중요도로 당 보병 분대 1개 이상 배치, 이때 신호 장비(랜턴이나 깃발 또는 섬광탄)를 갖춘 특수 연락병 2명 이상 및 철거 및 개척장비(갈고리, 줄사다리, 도끼 등)를 갖춘 공병 2명 이상 포함

2선 — 1선 부대와 동일한 부대편성에 추가하여 기관총 1문, 37mm 포 또는 박격포 (또는 모두) 1문을 배치. 2선 부대의 임무는 일반적으로 1선 부대를 지원하는 것이며, 지휘에 유리한 건물에 위치하여 37mm포, 박격포, 기관총 및 자동 소총의 지원사격을 통해 1선 부대의 진출을 지원한다. 이 부대는 1선부대가 저항에 부딪히게 되면 즉시 이를 지원할 준비가 되어 있어야 한다.

3선 — 2선 부대와 동일한 부대편성에 점령지역의 순찰에 필요한 병력을 추가 배치. 3선 부대는 진출한 부대를 일반지원하며 2선 부대가 1선 부대에 통합될 경우 2선 부대의 임무를 인수할 준비를 한다. 또한 아군이 확보한 구역의 치안을 유지한다.

통상 2선과 3선 부대는 앞선 부대의 후방에서 함께 전진하고, 필요할 경우 따라 선도 부대를 초월할 준비가 되어 있어야 한다. 전차나 장갑차가 가용할 경우에는 1선 부대에 배치해야 한다. 기갑부대들은 특히 교차로나 광장을 개척하거나 건물들이 복잡하게 얽혀있는 번화가 지역으로 진출하는 데 효과적이다.

시가전에서 저항군을 목표로 포병화력을 운용하는 것은 신중히 고려해야 한다. 앞서 언급한 바와 같이 모든 시민들이 저항에 나서지는 않을 것이며, 일부 극단적 부류들만 극렬히 저항할 것이다. 포병화력을 운용할 경우에는 극렬 저항분자들이 고립되어있거나 집결하고 있는 특정구역에 한해 극도의 주의를 기울여 사격하여 무고한 주민들의 생명을 위태롭게 하지 않도록 해야 한다. 시가전에서 대부분의 경우 포병화력의 기능은 보병의 기관총과 지원화기 등으로 대체할 수 있다. 현장에 있는 보병들은 저항하는 세력들을 시각으로 식별하고 이들만 제거하는 것이 가능하기 때문이다. 군함의 함포지원반이나 해안에 배치된 포병대는 포격

구역만 대략적으로 확인할 수 있기 때문에 목표구역 인근의 다른 요소들도 피해를 입을 수 있다. 필요할 경우 보병에게 언제든지 지원을 제공할 수 있는 포병화력은 매우 중요하다. 다만 시가전과 같은 특정한 조건 하에서는 인도적이지 않을 수 있기 때문에 좀 더 엄격한 적용이 필요하다는 것이다.

몇 년 전 까지만 해도 도시를 진압을 할 때 함포로 마을을 포격하는 것이 일반적이었던 반면 수류탄은 비인간적이라는 이유로 보병들이 사용하는 것이 금지되었다는 것은 주목 할 만하다. 이후 상황은 역전되어 수류탄의 사용은 가능해졌다.

항만을 점령했다면 다음 단계는 기동부대(mobile columns)를 내륙으로 진출시켜 존재할 가능성이 있는 비정규군을 격멸하고 국가의 핵심생산 지역을 확보한 다음 일련의 전진기지를 구축하여 차후작전을 대비하는 것이다.

기동부대의 편성은 적의 저항정도, 현지 지형, 교통로의 현황과 상태에 따라 달라진다. 일반적으로 특수화기를 갖춘 보병에 장갑차가 추가되어야 한다.(항공기가 가용할 경우 추가) 보병부대에 37미리 포와 박격포가 편제되어 있다면 경야포는 필요 없을 것이다. 이때 부대의 기동력을 저하시키거나 반드시 필요하지 않는 무기는 제외되어야 한다.

점령지에서 육상수송은 매우 제한을 받을 것이기 때문에 기동부대가 필요로 하는 대부분의 보급품은 항만에 확보해 놓을 필요가 있다. 항만을 점령하고 나면 기동부대의 보급에 필요한 물자의 준비작업을 시작해야 한다. 물론 점령지에서 징발한 수송수단은 그 유형에 관계없이 최대한 활용한다. 트럭 운행이 가능한 도로가 있을 경우에는 호송대를 붙여 트럭으로 보급품을 수송한다. 자동소총과 수류탄을 갖춘 트럭 호송대가 필요하며, 도로 상태가 허락할 경우에는 장갑차가 호송하는 것이 이상적이다. 손수레나 짐마차를 사용 할 경우에도 호송대가 필요하다.

기동부대 운용의 모범적 사례는 1916년 도미카나 공화국 개입 시 몬테 크리스티(Monte Cristi)에서 산티아고(Santiago)까지 진군한 펜들톤 부대라 할 수 있다.* 당시 펜들톤 부대는 사전 철저한 계획을 바탕으로 임무를 성공적으로 수행할 수 있었다. 또한 적대적 국가 내에서 제한된 병력과 열악한 현지 수송수단만 가지고도 기동부대의 작전이 가능하다는 것을 보여주었다.

기동부대는 주요생산지역에서 적 비정규군을 격멸하거나 격퇴시키는 즉시 방호초소(fortified post)의 설치를 시작하여 점령전략의 마지막 단계 수행을 준비한다. 방호초소의 기능은 다음과 같다.

(a) 주요생산지역과 시장을 포함한 핵심 교통로를 보호
(b) 주민의 안정화 및 감시
(c) 기동부대를 위한 보급, 휴식 및 교대기지 역할

일반적으로, 방호초소는 해안 항구로 통하는 이어진 주요 도로나 수

---

* 1905년 미국은 도미니카 공화국의 대외부채를 갚아주는 대신 국가 최대수입원인 관세에 대한 행정권을 갖게 된다. 이러한 상황에서 도미니카 공화국 국내 정치는 암살과 내전으로 혼란스러운 상황이 지속되었고, 결국 일시적인 개입으로 사태를 해결할 수 없다고 판단한 미국은 1916년 군대를 파견해 도미니카 공화국을 점령하고 군사정권을 수립하여 1924년까지 통치하게 된다. 당시 미국은 해병대를 투입하기로 결정했고, 펜들턴 대령이 지휘하는 제4 해병연대는 1916년 6월 도미니카 공화국 북부의 항구인 몬테 크리스티에 상륙하여 정글을 뚫고 내륙에 위치한 중심도시 산티아고까지 진격했다. 당시 해병대의 작전 경과는 Stephan M. Fuller and Graham A. Cosmas. *Marines in the Dominican Republic 1916-1924*. History and Museums Divistion, Headquarters U.S. Marine Corps. 1974.에 자세히 설명되어 있다.

로를 감제(瞰制)할 수 있는 위치, 작전의 최종 목표인 정글 또는 산악지역으로 이어지는 계곡이나 산길의 교차점에 위치하게 된다. 초소의 설치위치는 아래와 같은 조건을 충족시킬 수 있는 곳으로 선정해야 한다.

(a) 소규모 병력으로 방어가 가능한 위치
(b) 병력 100명 및 각종 장비를 갖춘 기동부대가 숙영할 수 있는 충분한 공간 보유
(c) 도시 주변과 도시로 통하는 모든 접근로(특히 도로 및 협곡)를 통제할 수 있는 위치
(d) 주변 세력의 활동을 감시하거나 감제할 수 있는 고지에 위치
(e) 식수원 및 주요 도로와의 인접성
(f) 비행장을 통제 가능한 위치

과거에 만들어진 요새 및 보루, 독립된 석조건물 등은 대부분 방호초소로 활용이 가능할 것이다. 그러나 인근에서 축성자재 조달이 가능하다면 완전히 새로운 초소를 건설하는 것이 바람직하다.

방호초소 건설에서 가장 중요한 요건은 소수의 병력으로 적의 공격을 격퇴할 수 있도록 충분한 방어력을 보유해야 한다는 것이다. 이는 울타리형 이중방어체계를 구축하는 방법으로 가능하다. 즉, 숙영시설이나 저장시설 등 핵심시설을 내부방어체계로 보호하고 이를 둘러싸는 외곽방어체계를 추가로 설치하는 것이다. 외곽방어체계는 내부방어체계로 접근하려는 적을 차단하는 역할을 하며, 내부 방어체계에 배치된 지원화기의 사거리 범위 내에 위치해야 한다.

작전 초기 단계에서 방호초소 간의 통신 및 연락은 항공기를 통해서만 가능할 것이며, 이후 최단시간 내에 신뢰성있는 초소 간 통신 및 연락 대책을 마련해야 한다.

방호초소의 구축이 완료되면 유격대 운용을 시작한다. 이것은 작전

의 전 과정 중에서 가장 어려운 단계이다. 해당 지역에 익숙할 뿐 아니라 주민들의 지지를 받는 토착 게릴라를 격퇴해야 하기 때문이다. 게릴라들은 지형에 매우 익숙하고, 가장 뛰어난 정보원을 보유하고 있으며, 활동에 어떠한 지장도 받지 않는다. 이들은 적 비정규군 중 가장 포악하며, 목적 달성을 위해서는 전쟁법 따위는 고려치 않을 것이다. 이들은 점령군이 물러날 때까지 암살, 매복공격, 은폐 등을 반복할 것이다.

이러한 적을 신속하게 격퇴하기 위해서는 장병 개개인의 강인한 정신력과 체력이 기본이 되어야 할 뿐 아니라 게릴라전 수행에 필요한 강도 높은 개인 및 집체 훈련이 필수적이다.

유격대는 통상 1개 보병중대와 1개 기마 파견대(mounted detachment)로 구성되므로 그 병력은 충분하다 할 수 있다. 전투가 진행되면서 적은 계속 약화되므로, 전투정찰은 한 개 분대만으로도 충분할 수 있다. 유격대의 임무는 적을 찾아낸 다음 끝까지 추격하여 격멸하는 것이다. 따라서 기동성이나 행동의 자유를 제약하는 필요 이상의 탄약이나 무기를 절대 휴대하지 않아야 한다. 도수(徒手)운반*이 가능한 보급품을 제외하고, 원칙적으로 유격대의 보급은 방호초소에서 전담한다. 이러한 이유로 유격대를 지원하는 데 문제가 없도록 다수의 방호초소를 운영해야 하며, 방호초소는 유격대로부터 하루 또는 이틀 이내 행군 거리에 위치해야 한다.

그리고 유격대의 보급문제와 기동성을 고려하여 유격대가 오지로 진입할 경우에는 반드시 활동자금(cash)을 지참해야 한다. 이 활동자금을 활용하여 해당지역과 적의 움직임에 관한 정보를 획득할 수 있으며, 필요시에는 식량도 확보 할 수 있는 것이다. 이는 일종의 정보활동비라

---

* 특별한 도구 없이 맨손으로 물건을 옮기는 것.

할 수 있는데 적 게릴라에 관한 정보를 얻기 위해 현지 주민을 위협하거나 고문하기보다는 적절한 보상을 제공하는 것이 훨씬 효과적이기 때문이다.

일반적으로 유격대가 행군 시에는 다이아몬드 대형이 자연스럽게 적용된다. 이 대형은 어떤 방향에서 공격받더라도 즉각적이고 조건반사적으로 전투력을 발휘할 수 있도록 조직된 대형이다. 예를 들어, 울창한 정글지대를 행군 중일 때 적이 정면과 양익에 매복하고 있다면, 선두부대는 소총과 자동화기, 수류탄 등으로 전방 매복조를 공격한 다음 양익에 매복하고 있는 적을 격멸한다. 두 번째 부대의 바로 뒤쪽으로 행군하는 세 번째 부대는 좌익에서 유사하게 작전을 하고, 두 번째 및 세 번째 부대 바로 직후방에 위치한 네 번째 부대는 후방을 엄호하면서 공격에 맞추어 전진한다.

"평화로운 점령" 과정 중 예상되는 전투에 대한 설명은 여기까지로 하고, 이제부터는 '전쟁이 아닌 전쟁'을 수행하는 과정에서 직면하게 될 특수한 상황들을 다루는 것이 좋을 것이다. 저항을 최소화하면서 자연스럽게 적에게 나의 의지를 강요하는 것은 가장 어려운 과제 중에 하나이다. 미국 군대의 『지상작전 규칙(*Rules of Land Warfare*)』*에서는 문명국가의 정규군 간에 적대행위 발생 시 준수해야 할 사항을 규정하고 있다. 그러나 비정규군이나 게릴라와의 적대행위 중에 정규군이 준수해야 할 "지상작전 규칙"은 아직 존재하지 않는다. 그리고 앞으로 그러한 규칙이 작성될지도 의심스럽다.

전쟁 중에는 어느 정도의 잔혹함은 피할 수 없다. 공식적 행동규칙이

---

* 1914년 미국 전쟁부(war department)에서 발행했다.

적용되지 않는 전쟁의 유형에 직면 했을 때, 어떻게 대응해야 하는가에 대한 가장 확실하고 유일한 지침은 유사한 상황에서 다른 문명국가들은 어떻게 대응하는가, 그리고 어떻게 대응하는 것이 미국의 국익에 도움이 되는가이다. 일반적으로 다른 문명국들은 비정규전 또는 게릴라전쟁 직면했을 때 아래와 같은 조치를 취했다.

(a) 적을 사살하거나 치명상을 가하고 자산을 파괴한다.
(b) 적을 돕거나 방조한 사람들의 자산을 파괴한다.
(c) 적을 지원하는 사람들이 거주하는 지역을 초토화한다.
(d) 적이 준동하는 지역에 거주하는 여성 및 아이들을 소개(疏開)한다.

첫 번째를 제외한 나머지 방법들은 대상국가의 주민 전체를 격분시키고 그들과의 우호관계를 영구히 훼손할 수 있다는 점에서 매우 바람직하지 못하다(피해를 입은 주민들을 점령군에 대한 적대감을 그 후손들에게 까지 전달할 가능성이 높다). 불필요하게 가혹한 조치를 시행하여 점령국 주민과의 우호관계가 파괴되는 것은 미국의 정책에 명백히 반하는 행동이다. 따라서 현실적으로 가장 적절한 방법은 실제로 무기를 소지하고 있는 적을 사살하거나 치명상을 가하는 것이며 필요할 경우 적대세력을 제압한 후 그 집과 재산을 파괴하는 것이다. 이러한 행동으로 인해 적대세력의 가족과 이들을 적극적으로 지원하는 사람들이 고통을 받는 것은 매우 불행한 일이지만, 대의를 위해서는 정당화될 수 있다. 만약 이러한 조치가 실패하고 상황을 정리하기 위해 좀 더 가혹한 조치가 필요한 경우, 자격있는 선임장교는 관련된 모든 요인을 주의 깊게 평가한 후 추가적인 조치 방안을 결정해야 한다. 선임장교는 각각의 상황을 독립적으로 평가하여 가장 인도적인 해결책을 강구하되, 가장 중요한 고려요소는 아군의 안전이다.

앞서 제시한 행동 방침은 모든 상황을 해결하기에 충분한 것 같지만, 여러 가지 이유로 항상 그렇지는 않다. 통상 미국 정부는 소수민족의 영토를 점령할 때, 자국의 의지를 강요하되 어떠한 말썽도 일어나길 원치 않는다. 점령과정에서 발생하는 잡음으로 인해 자국민이나 외국 정부로부터 비판을 듣고 싶지 않는 것이다. 미국 정부는 가능한 점령국 주민들의 삶에 간섭하지 않으려 하며, 그들에게 언제나 선한 천사로 인정받고 싶어한다. 따라서 "아무런 문제없이 상황을 정리(Clean Up Without Trouble)"한다는 정부의 점령정책을 실제로 실행하는 것은 "현장"에서 궂은 일을 도맡아 하는 군인들의 몫이다.

일반적으로 적대세력이 군대의 외형을 갖추고 조직적으로 저항한다면 강압적 군사작전은 합법적인 전쟁으로 간주될 수 있다. 그러나 가장 어려운 단계는 상황을 안정적으로 관리해야 하는 최종단계이다. 이 단계에서는 정부가 추구하는 점령정책으로 인해 아래의 상황들이 빈번히 발생할 것이기 때문이다.

(a) 오지 깊숙한 곳에 근거지를 둔 반란 및 범죄세력은 무고한 주민을 무차별적으로 해친다.
(b) 이 세력은 은닉해 놓거나 휴대하고 있는 것 외에는 고정된 자산이 없다.
(c) 이 세력은 어떠한 범죄를 저질러도 체포되어 합당한 처벌을 받은 적이 없다.
(d) 체포되어 사법당국으로 인계된 적은 대부분 탈출하여 자신의 원래 조직으로 복귀한다.
(e) 반란세력이 주로 활동하는 지역의 주민들은 그들에게 점령군의 움직임을 계속적으로 알려준다.
(f) 점령군의 병력이 절대적으로 부족하다. 통계적으로 건장한 원주민 남성 100명 당 병사 1명 꼴이며, 병사 1명이 관리해야 할 면적은 5

평방마일 이상이다.

(g) 현지 전투부대들은 곧바로 사용할 수 있는 활동자금을 보유하고 있지 못하다.

그 면적에 관계없이 외국 영토를 점령하게 되면 그에 수반되는 다양한 비군사적 문제들이 대두된다. 자연히 어떻게 하면 전투에서 승리할 수 있을 것인가를 고민하던 점령군 참모단은 역설적으로 군사적 수단을 활용하여 전투를 회피하는 방안을 고민하게 되는 것이다. 어떠한 방침을 정했느냐에 따라 점령군의 편성, 규모 및 분산배치 등이 결정된다.

앞서 언급한 바와 같이, 대부분의 약소국가의 평화적인 점령에 가장 큰 위협요소는 선동가들이 주도하여 경제적 위기를 겪고 있는 노동계층을 대상으로 한 과격한 선전효과이다. 노동계층이 광범위하게 점령군 반대운동에 동참하지 않는 한 심각한 분란은 없을 것이다. 따라서 이 문제는 선동자들의 과격한 선전활동, 반란집단의 움직임, 노동계층의 경제상황 등을 지속적으로 주시하면서 각종 적대행위를 미연에 방지할 수 있는 활동을 전개함으로써 해결할 수 있다. 점령군은 (a) 정보활동, (b) 군사경찰기능(특별 군사법원 포함), (c) 반란세력의 사기를 저하시키기 위한 무력현시(顯示) 활동 (d) 필요 시 군사행동 등의 수단을 활용하여 이를 해결해야 한다.

특히 점령군이 정보활동과 군사경찰가능을 효과적으로 활동한다면 "평화적 점령"이라는 목표 달성이 수월해진다. 사실 정보활동과 군사경찰임무는 이를 집행하겠다는 지휘부의 의지와 이를 기꺼이 수행할 사람들만 있다면 곧바로 시행할 수 있는 기능이라 할 수 있다. 그러나 통상 군대의 지휘부는 전투조직의 확충에만 관심을 두며 사전에 정보활동의 계획 및 군사경찰 운용계획을 수립하고 편제를 반영하며 인원들을 교육하는 데는 거의 관심이 없다. 일반적으로, 이러한 기능은 긴급한 필요성에 의해서 상부의 지시를 통해 시작되는 경우가 많다.

정확하게 말하면, 부시여단의 정보활동의 범주에는 작전적 · 전술적 정보뿐 아니라 약소국의 통치와 관련된 정치와 군사분야 정보 등 필요한 모든 정보를 수집하고 배포하는 것이 포함된다. 이는 군정(軍政) 업무와도 일부 중첩된다고 할 수 있다. 세부 정보수집 항목으로는 (a) 국민들의 심리(기원, 역사, 기질, 문명 등), 경제적 조건과 그 경향, 정치적 분파, 그리고 사실상 점령이 마무리되었을 때 국가의 안정에 악영향을 미칠 수 있는 잠재적 저항세력에 관한 정보, (b) 저항 세력의 활동에 관한 최신 정보, (c) 저항세력들의 향후 행동에 대한 예측 등이 있다. 또한 (d) 잠재적 · 명시적 저항세력의 병력수준 및 사기, 지형 정보 등과 같은 작전적이고 전술적인 정보 역시 포함된다.

이러한 정보수집활동은 매우 방대한 업무이기 때문에 이에 걸 맞는 규모의 조직이 필요하다고 할 수 있다. 현재 해군 및 해병대의 정보업무 조직을 기준으로 할 때 합병된 약소국의 안정화에 필요한 정보수집 소요를 충족시키기 위해서는 해군 정보국, 해병대 작전처, 부시여단 정보참모가 유기적으로 협업해야 한다. 부시여단의 정보활동에 필요한 일반적 조직편성은 아래와 같다.

(a) 행정부서

a. 문서반

연구업무 : 정보 수집 및 분석, 일일 · 월간 · 특별보고서의 발간 및 배포

b. 정보수집반

1. 저항세력 분석

2. 지도자의 정치, 혁명 및 급진적 성향 등과 같은 인물정보 분석

3. “저항” 운동 관련 사례 수집

4. 군사정보 수집

c. 지형분석반

지도/해도의 작성 및 배포(군사, 정치, 경제, 지형, 기상 등 포함)

(b) 야전부서

a. 정규부대 – 편제된 정보조직 활용

b. 특별정보요원 – 언론 및 인적 정보획득 채널 활용

정보활동의 대상이 되는 약소국가 국민들에게는 두 가지 주요 특징이 있다.

(a) 정당들은 원칙이 아니라 선동가 계급에 영향력을 가진 지도자의 개인적인 의견을 대변한다. 이러한 의견은 하룻밤 사이 완전히 뒤바뀔 수 있다.

(b) 특정 정파가 (위협이나 약속을 통해) 생산계층의 선동에 성공할 경우 적대적인 군사행동은 언제든지 발생할 수 있다.

따라서 현행 정보활동은 실제로 영향력 있는 정치 선동가들과 생산계층에 밀접한 영향을 미치는 경제 상황의 움직임을 면밀히 관찰하고 그 위험성을 적시에 경고하는 것에 우선순위를 두어야 한다. 경제위기가 발생하여 사회 불안정이 심화되면 선동계층은 점령군에 대한 적대적 운동을 개시할 것이 틀림없다. 따라서 초기부터 선제적이고 공세적인 역선전 활동을 펼쳐야만 점령군에 대한 적대행위와 같은 심각한 수준의 위기를 사전에 예방할 수 있다. 또한 점령지의 안정을 위해서는 점령군의 활발한 현시활동에 더하여 저항세력 지도자들에 대한 선제적인 예방 조치가 필요할 것이다. 정치 선동가들은 무력으로 제지하지 않는 이상 그 활동을 중단하지 않는다. 그리고 생산노동자들은 소문 및 선동 등 다양한 요

인에 의해 영향을 받지만, 그들의 행동에 가장 결정적인 영향을 미치는 것은 바로 자신들의 눈으로 직접 보는 것이다. 생산노동자들에게 군장을 갖춘 해병이 순찰하는 광경을 직접 목격하게 하는 것만으로도 선동가의 적대적인 선전효과를 상쇄시킬 수 있을 것이다.

앞서 설명했듯이 정보활동을 수행할 때 가장 어려운 점은 정보요원들은 관습적으로 모든 정보를 닥치는 대로 수집한다는 것이다. 그러나 관리자들은 정보요원들이 필요한 정보만을 선별하여 수집 후 사용자가 이해할 수 있는 형태로 작성하고, 그 정보를 예방활동 시행을 결정할 권한을 가진 책임있는 사용자에게 가능한 빨리 전달하도록 교육해야 한다.

특별 군사법원제도(military court system)를 포함한 군사경찰기능은 군정(軍政)을 대표하여 주민들과 직접 접촉하는 주체이며, 사회 안정을 유지하는 기본적 수단이 된다. 점령 후 국가의 재건을 위해서는 몇 개월 혹은 몇 년에 걸쳐 주민들의 기본적인 삶의 방식에서 지속적이고 중요한 변화가 일어나게 되는데, 점령군은 군사경찰기능을 통해 이 모든 것을 감시하게 된다. 군사경찰기능이 제대로 발휘되기 위해서는 다른 어떤 요소보다도 주민의 현실과 관습, 활동, 그리고 계속해서 변화하는 주민의 정서를 먼저 이해해야 한다. 이러한 주민과 그들의 생활에 대한 이해는 법률적 지식을 갖춘 군사경찰과 군판사, 유능하고 충성스러운 통역관, 충분한 현지사무직원 등과 같이 잘 구성된 조직과 더불어 정의롭고 신속한 군사경찰 임무수행에 필수적 요소가 된다.

점령국의 안정을 유지하기 위해 병력을 주둔시키고 군대의 활동을 현시하는 것에 대해 도덕적 가치를 논할 필요는 없다고 생각한다. 따라서 현지 주민들이 군사적 통제를 받고 있다는 사실을 계속 인지 할 수 있도록 충분한 병력을 배치해야 한다. 이러한 병력은 상시 주둔부대이라고 할 수 있다. 이 부대는 주둔지 주변을 주기적으로 순찰하여 주민들이 합병의 현실을 자신의 눈으로 직접 인식할 수 있게 하고, 지역의 안정과 치안유지를 지원한다. 이 부대의 주요 활동 지역은 주요생산지역 및 시장과 거의 일치한다.

상시 주둔부대 외에도 군대의 영향력이 미치지 않는 지역에 신속하게 투입할 수 있는 기동력을 갖춘 기동예비대(mobile reserve) 역시 배치해야 한다. 이들의 무력현시를 통해 반란세력에게 무장저항이 불가능함을 보여 주어야 한다. 전투행동은 최후의 수단이 되어야 하지만, 점령군은 필요할 경우 즉각적으로 군대를 투입할 수 있도록 기동예비대를 잘 관리하고 조직하는 데 끊임없는 노력을 기울여야 한다. 일반적으로 점령국 정부는 점령된 국가가 안정을 찾아가면 군사문제에 대해 "침묵"하려는 관행이 있다. 이는 군대의 효율성을 감소시키는 것 외에도 현지주민들이 군대의 힘을 과소평가하고 나아가 군대에 대항하는 등 오판을 하게 만들 수 있다.

각 지역에 분산 배치된 다양한 주둔부대들은 주기적으로 기동예비대 본부로 파견시켜 재교육 및 훈련을 실시하도록 한다. 이러한 조치를 통해 점령군의 인적, 물적 자원을 경제적으로 운용할 수 있다. 또한 지역 내에서 정기적으로 군대를 순환배치하게 되면 부대의 전투 효율성과 사기를 높은 수준으로 유지할 수 있을 것이다.

해병대는 정글로 들어가 게릴라들과 싸웠고 매 순간이 전쟁이었다. 국민들이 이러한 사실을 전혀 알지 못하는 것이 매우 유감스러운 일이지만, 해병대는 미국 국민들의 명령에 따라 임무를 수행하였을 따름이다.

제2장

엘리스와 연합작전

제2장
엘리스와 연합작전

제1차 세계대전은 미국 해병대가 본격적으로 성장하는 계기가 된 사건이었다. 미국 해병대는 1847년 멕시코-미국 전쟁 중 차풀테펙(Chapultepec) 전투*에서 명성을 얻기 시작했으나 대규모 육상 전쟁에 참여한 경험은 거의 없었다. 당시까지만 해도 미국 해병대는 국무부의 대외정책을 지원하고 남아메리카에서 "소규모 전쟁" 수행하는 등 각종 우발사태에 대응하는 데 가치가 있다는 것이 입증되었지만, 정규전에서의 능력은 아직 검증되지 않은 상태였다.

엘리스가 입대한 1900년을 기준으로 볼 때, 미국 해병대는 해군에 소속되어 긴급사태 대응 및 소규모 전쟁을 주로 수행하는 조직이었다. 그러나 1917년 엘리스 대위가 러준 장군 아래서 일할 즈음에는 해병대는 전세계를 뒤흔든 전쟁(즉 제1차 세계대전) 의 한가운데 있었다. 그러나 전쟁 직전까지 육군은 해병대의 확대를 지속적으로 견제하였기 때문에 해병대의 병력은 거의 증강되지 못했다. 따라서 해병대는 제1차 세계대전에

---

* 미국-멕시코전쟁 중인 1847년 육군과 해병대로 구성된 미국군이 멕시코군의 최후 저항지인 멕시코시티의 차풀테펙성을 함락시킨 전투. 이때 해병대는 차풀테펙성을 함락시키는 데 중요한 역할을 했다.

참전하기 위해 전 세계에 흩어져 있는 병력을 끌어 모아 전투부대로 편성해야 했다. 해병대는 제5 해병연대와 제6 해병연대를 긴급히 창설하여 유럽전장으로 보냈고, 전쟁을 거치면서 해병대의 규모는 차츰 확대되었다. 1914년 해병대의 병력은 1만여 명밖에 되지 않았으나 전쟁이 끝날 즈음에는 7만 명에 육박하게 되었다.[7] 1918년 유럽에 주둔하고 있는 제4 해병여단장으로 임명된 러준 장군은 엘리스를 보좌관으로 임명하였고, 러준이 제2 보병사단장으로 영전한 후에도 엘리스는 계속해서 제4 해병여단에서 근무하였다.

본 장에 수록된 엘리스의 논문은 1921년 3월 해병대지에 게재된 것으로써 연합작전 상황에서 의사소통과 부대임무의 조율에 관한 내용을 다루고 있다. 이 글에서 '연합(combined)'은 동맹국 간 야전군 수준의 협력을 지칭하는 용어로 사용되고 있다. 1918년 당시 미국 해병대는 의화단 운동(Boxer Rebellion)을 진압하기 위해 8개국 연합군에 참여한 것을 제외하고는 동맹국 군대와 함께 작전한 사례가 거의 없었다. 엘리스는 미국 해병대가 우발사태 대응부대에서 정규전 부대로 전환되는 과정에 대해 고찰한 다음 몇 가지 탁월한 의견을 제시했다.

이 논문에서 엘리스는 먼저 부대 간 팀워크의 중요성을 강조했다. 그는 지휘부는 최소한의 지시 및 명령만 내리고 예하부대가 주도적으로 임무를 수행하는 임무형 지휘(mission command), 임무형 명령 및 분권화된 지휘의 개념을 제시했다. 독일의 임무형 전술(Aufragstaktik)에서 유래된 임무형 지휘의 기본 개념은 상급부대는 달성해야 할 명확한 임무만 부여하고 임무 달성 방법의 결정 및 시행은 예하부대 지휘관에게 맡기는 것이다. 임무형 지휘는 하급 지휘관이 상급 지휘관의 새로운 명령을 기다리지 않고 전투의 상황에 따라 주도적으로 계획을 변경할 수 있으며, 호기(好機)를 포착했을 때는 더욱 신속하고 책임감 있게 행동할 수 있다는 장점이 있다. 그러나 임무형 지휘가 효과를 발휘하기 위해서는 수많은 훈련과 부대 상하 간 상황에 대한 공통의 인식이 필요하다. 또한 예하부대 지휘관은 상급부대 차원의 계획을 숙지하고 있어야 하며, 상급부대의 목표를 달성하기 위해 자신의 부대를 어떻게 운용할 지에 대한 경험과 지식을 보유해야 한다. 이를 인식한 엘리스는 "군대는 훈련 역시 중요하지만 (특히 장교단의) 지적수준을 높이는 훈련이 우선 되어야 한다"라고 언급했다. 이는 전쟁이 시작되면 너무 늦기 때문에 군대는 평시부터 구성원의 지적수준 향상을 위해 지속적으로 노력해야 한다는 것을 의미한다.

이 논문에서 주목해야 할 또 다른 요소는 전장에서 과도한 정보 요구의 위험성을 경고한 부분이다. 엘리스는 본문에서 다음과 같이 언급하고 있다. "상급부대의 지속적인 상황보고 요구는 예하 전투부대에 과부하를 주는 경향이 있었고, 심지어 상급부대에 보고를 위해 전투에 긴급하게 필요한 인원과 수송수단을 차출한 경우까지 있었다. 그리고 상하급부대의 과도한 보고 요구는 불행하게도 전투 중 불필요한 교신이 증가하는 경향을 수반했다. 당시 전달되는 메세지의 양은 엄청났고, 불어난 교신과 전보를 처리하기 위해 말 그대로 '통신반(message center)'이 설치되었다." 당시의 통신반은 오늘날의 전투작전본부(또는 전술작전본부)를 말한다. 엘리스가 이미 1918년에 지적했던 경향은 오늘날까지 계속되고 있다. 당시 군인들은 전령병(傳令兵), 개, 비둘기 등이 직접 전해주는 메시지와 신뢰도가 낮은 무선통신기를 통해 전달된 정보만 처리하면 되었지만, 현대 군인들은 수많은 컴퓨터, 전술 대화방, 디지털 상황도 및 1918년보다 성능이 월등히 향상된 무선통신기를 통해 전파되는 정보를 모두 관리해야 한다. 그리고 현대의 지휘관은 최신화된 통신체계를 유지하고 보수하기 위해 방대한 규모의 통신참모조직을 운영할 필요가 있다. 현대의 전투작전본부는 실시간으로 정보를 공유하고 지휘관의 전장상황인식을 관리하는 데 필요한 다수의 컴퓨터로 구성되어 있기 때문이다. 그러나 우리는 현재의 가용한 정보를 활용하여 문제를 해결하려 노력하기보다는, 과도하게 정보에 의존하는 문제를 만들어냈다. 이러한 문제를 해결하기 위해서는 전술적 행동으로 전환 될 수 있는 핵심 정보를 선별하고 분류하는 능력을 길러야 한다. 이 논문에서 엘리스는 정보 흐름을 어떻게 관리해야 하는지와 비효율적인 정보 흐름으로 인해 초래되는 문제에 어떻게 대응해야 하는지를 제시한다. 이는 현재의 '정보관리(information management)'라 할 수 있다. 이 정보관리 기능은 부대의 임무달성에 반드시 필요한 기능이지만 참모단의 계획수립 과정에서 쉽게 간과되고 마는 문제이기도 하다.

현재 군대의 참모들 역시 제1차 세계대전 중 엘리스가 경험했던 문제에 동일하게 직면하고 있다. 이전에 비해 접근할 수 있는 정보의 양은 천문학적으로 증가했으나, 이에 비례하여 정보를 분류하고 분석하는 것 역시 어려워졌다. 부대의 참모들이 원활하게 정보를 교환하고 효율적으로 일할 수 있도록 훈련시키는 것은 상당한 시간이 소요되는 어려운 일인데, 3년마다 근무부대를 변경하는 낡은 인사체계로 인해 이러한 상황이 더욱 악화되고 있다. 참모들이 능력을 충분히 발휘할 수준으로 훈련될 즈음이면 핵심 요원들이 계속 빠져나가기 때문에 교육과 팀워크 구축 과정을 다시 시작해야 하기 때문이다. 또한 실전을 거치며 신속한 의사결정 및 정보교환의 체계 및 절차를 숙달한 부대는 다른 전구로 재배치되고 그 자리를 경험이 없는 부대가 다시 채우는 현상이 반복되고 있다.

미군은 제1차 세계 대전 이래로 여러 전쟁을 거치며 경험을 축적하였으며 조직도 크게 확장되었다. 그러나 과거에 제기되었던 문제들은 규모가 크게 확대된 현대의 미군에서도 계속해서 중대한 이슈가 되고 있다. 때문에 엘리스가 제1차 세계대전 중 경험하고 분석했던 문제가 100여 년이 지난 지금의 군사이론가와 실무자들에게도 여전히 통찰력을 제공해 주고 있는 것이다.

세계대전과 연락 문제, 1920년

(LIAISON IN WROLD WAR)

"연락관!" "연락장교!" "전투연락장교!" 등과 같이 "연락"이라는 말은 제1차 세계대전에서 매우 빈번히 사용된 용어였다. 초임 병사라 할지라도 첫 총검 돌격에 참가할 무렵이면 이미 "연락"이라는 말을 배웠고, 이후부터 이를 매우 빈번하게 사용하게 되었다. 이는 연락이라는 말은 매우 그럴듯하고 폭넓은 단어이기 때문에 어떠한 상황에서도 사용이 가능하였다. 물론, "연락"은 이전부터 행해져왔던 '군사활동의 조율(military coordination)'을 새로운 방식으로 표현한 것에 불과했지만, 반복적으로 사용되면서 자연스럽게 그 중요성이 부각되었다.

이론적으로 볼 때 잘 훈련된 군대, 재즈 밴드, 축구 팀 또는 교회 합창단이라면 임무를 수행하는 데 큰 어려움이 없을 것이다. 왜냐하면 각 구성원은 조직 내에서 자신의 직무를 잘 알고 있고, 그 임무를 지시하지 않아도 스스로 수행하기 때문이다. 잘 훈련된 조직이라면 코치나 지휘자가 간단한 구호를 외치거나, 변덕스럽게 눈썹을 치켜 올리고, 일련의 숫자를 부르거나 경우에 따라 살짝 미소를 띠는 등의 행동만으로도 작업은 원활히 잘 이루어질 수 있다.

그러나 매우 불행하게도 군대는 완벽한 전투준비태세를 갖추기 전에 실전에 투입되는 경우가 대부분이다. 제1차 세계대전 초반 연합군이 함께 싸우기 시작했을 때 가장 큰 문제는 서로 간의 노력을 적절히 조정하는 것, 다시 말해서 팀워크를 구축하는 데서 오는 어려움이었다. 당시 각국이 서로 다른 전쟁 목표를 가지고 있었고, 훈련 방식도 다양하며, 언어도 상이했기 때문에 노력의 조정은 필수적이었다. 특히 당시 독일군은 훈련수준이 매우 높았을 뿐 아니라 우수한 작전교리를 채택하고 있었기 때문에 이를 상대해야 하는 연합군에게는 각 부대 간 원활한 조정이 반드시 필요했다. 이러한 어려움을 극복하기 위해서 부대 간 조정 인력을 대폭 늘리고 거의 모든 제대(諸隊) 수준에서 의사소통을 원활히 하는 것이 필요하게 되었다.

그러나 업무 조정 인원은 팀워크가 부족한 상황에만 필요한 것이다. 일단 팀워크가 형성되면-각 사람이 자신의 직무를 정확히 이해하고 이를 스스로 수행 할 때-일반적인 명령의 전달과 최신 정보의 소통을 보장하기 위한 경우를 제외하고는 조정 인원의 필요성은 사라지게 된다. 제1차 세계대전 당시 군인들은 이러한 업무 "연락"이라고 불렀다.

제1차 세계대전 당시 이러한 연락 수단으로는 무선통신기, 전신, 전화 등과 같은 최신 수단뿐 아니라 모터사이클, 기마전령, 군견(軍犬), 비둘기, 섬광(蟾光), 신호판, 깃발 등 다양한 종류가 있었다. 필자는 제1차 세계대전 중 보병여단 및 대대에서 근무하면서 공격작전 및 방어작전을 불문하고 지속적으로 이러한 연락수단이 활용되는 것을 확인할 수 있었다.

무선통신은 잘 구축된 방어선 또는 부대 밀집지역에 따라 설치 및 철거가 가능하였으며, 메시지의 준비 및 송신 시간에 구애받지 않는 상황에서는 매우 효과적이고 경제적인 연락수단이었다. 그러나 공격작전 중에는 사단 이하의 전투부대에서 무선통신을 연락수단으로 사용하는 것은 바람직하지도, 필요하지도 않았다. 그러나 개인적 경험에 비추어볼 때, 실제 전장에서는 전령(傳令)이 직접 전달한 메시지의 양이 무선통신을 통해 보낸 메시지 양을 능가했다. 당시 군인들은 무선통신보다는 전령의 직접적인 정보전달을 선호했다. 더욱이 경험 상 무선통신은 그 내용이 완벽하게 전달되는 경우가 거의 없었기 때문에 중요한 메시지를 무선통신만으로 전파하는 것은 현명하지 못한 일이었다.

비둘기와 군견 역시 당시 통신수단의 하나였지만 이는 말그대로 최후의 방법이었다. 잘 훈련된 비둘기나 개를 통신수단으로 활용하는 것은 정보를 전달하려는 부대의 위치를 확실히 알고 있고, 더 나은 의사소통 수단이 없는 경우로만 국한되었다.

개인적으로 전장에서 비둘기를 활용하는 것을 세 번 보았는데, 두 번은 전서구(傳書鳩)로, 나머지 한번은 음식으로 쓸 때였다. 그러나 비둘기는 두 가지 용도 모두 별 쓸모가 없었다. 비둘기는 통신수단이라기보다는 심미(審美)적 가치만 있었지만 전장에서는 이를 즐기기도 쉽지 않았다. 우리 밖으로 나온 비둘기들을 바라보는 것은 참모들에게 일종의 정신적 휴식이었다. 석양녘 비둘기 훈련 시간에 이동식 둥지 위를 날아올라 높낮이를 달리하며 주변을 선회하는 비둘기들은 매우 아름답고 안락한 광경을 연출했다. 그리고 실제 전투 중 메시지 전달용으로 군견을 활용하는 것은 딱 한번 목격할 수 있었다. 그러나 그 전령견(傳令犬)이 전달한 메시지는 해독이 불가능했고, 적이 기만용으로 보낸 것으로 추정되었다. 개 역시 전쟁에서 통신수단으로 활용하기에는 적합지 않아 보였다.

음성전화는 공격작전과 방어작전 모두에서 지휘용으로 사용되었는데, 통신부대의 적극적이고 기민한 전화선 가설 노력으로 전장에서 음성전화의 신뢰성은 상당히 높았다. 부대의 전화선 절단 등 예외적인 상황을 제외하고는 음성전화통신은 지속 유지되었다. 그러나 잘못된 전화선 연결 및 지휘소 위치의 오류로 인해 간헐적으로 통신 두절이 발생하기도 했다.

전령은 전투 중 전화선을 통해서가 아니라 실제 '육성'으로 정보를 전달했다. 상황에 따라 전령의 효용성은 극과 극을 달렸지만, 음성전화와 함께 전쟁 중 활용된 주 통신수단이었다. 임무의 높은 위험도를 고려할 때, 전령은 계속 생존할 경우 소대장 임무를 수행할 만한 능력과 잠재력을 보유한 인원이어야 했다. 전령 역시 메시지 전달에 실패하는 경우가 간혹 있었는데, 이는 임무가 인간의 능력 밖이거나, 상급자가 전령을 선발하고 임무를 지시하는 데 세심한 주의를 기울이지 않은 경우가 대부분이었다. 예를 들면 전령이 여단 본부의 위치를 사전에 파악하지 못한 나머지, 사단 본부에서 전투 개시 전 발송한 공식 작전명령이 적시에 여단에 도착하지 못한 적이 있었다. 이 외에도 전령과 관련된 여러 가지 문제가 있었다.

모터사이클은 모든 작전에서 유용한 보조 통신수단이었다. 당시 전장은 일반적으로 도로 상황이 양호하였기 때문에 모터사이클을 운용하는 데 큰 어려움이 없었다. 정식 전투에 돌입할 경우, 전투 첫날 저녁부터 사이드카를 장착한 모터사이클을 지원받을 수 있었다. 그러나 당시 배치된 모터사이클은 절대적인 수량이 부족했고, 고장 발생 시 교체 부품의 부족 및 수리의 지연으로 인해 이를 통신용으로 전용(轉用)하는 데는 많은 어려움이 있었다. 실제 전장에서는 모터사이클을 포함한 각종 수송수단의 돌려막기가 비일비재하였고, 이러한 이유로 일부 수송담당 장교는 모터사이클을 통신용으로 할당하는 것을 과도하게 제한하여 전투 중 통신용 모터사이클이 한 대도 없는 경우도 있었다. 말할 필요도 없이 이러한 경우는 통신에 큰 제한을 받았다.

기마 전령(mounted courier)은 제한적으로 활용되었으며, 모터사이클이 등장함에 따라 그 활용성은 줄어들었다. 이에 따라 보병부대에 배속된 연락기병대 병력 중 절반 이상이 전투 중 통신임무가 아닌 다른 임무에 투입되었다.

시각 신호 중에서는 특히 섬광이 통신용으로 유용하게 활용되었다. 현대에 들어 섬광신호는 전투를 효과적으로 수행하는 데 필수적인 요소이다. 그러나 각 부대별로 고유한 신호체계를 갖추려 하였기 때문에 이를 운용하는 병사들에게는 큰 부담이 되기도 했다.

과거 전쟁사례와 마찬가지로, 당시에도 불필요한 통신수단의 유지를 위해 전투에 긴요한 병력과 수송수단을 통신용으로 전용하여 전투임무에 부담을 주는 경우가 많았다. 불행하게도 이러한 과도한 부담의 원인은 작전 중 과도하게 통신에 의존하려는 경향 때문이었다. 당시 교환되는 메시지의 양은 엄청났고, 아마도 이러한 이유로 인해 '통신반(message centre)'이 설치되었을 것이다.

필자의 개인적 판단으로는 유럽전장에서 활용된 '통신반'은 사단 이하의 전투부대에만 필요한 조직이다. 또한 그 운용도 기동 중 다양한 제대와 통신이 필요할 경우와 전투 중 다른 부대와 긴밀한 연락이 필요할 경우로 제한할 필요가 있다고 본다. 처리할 정보의 양이 많지 않을 경우 통신반은 전투 수행에 방해가 될 뿐이다.

또한 전투와 관련된 중요한 명령의 전달을 통신반에 전담시킨 이유 역시 이해할 수 없다. 전투 중 참모장교의 가장 중요한 과업은-부대원이 이를 완벽하게 이해하지 못할 경우 아무짝에도 쓸모없는-작전명령을 작성하는 것이고, 그 다음은 이를 예하 부대에 안전하고 신속하게 전달하는 것이다. 따라서 작전명령의 전달 수단을 선정하고, 정신적으로나 육체적으로 강건(剛健)하고 이동로 등에 관한 적절한 정보를 가지고 있는 인원에게 임무를 부여하는 것이 매우 중요하다. 이러한 원칙을 준수한 경우 대부분의 명령이 안전하고 신속하게 전달된 것으로 증명되었다. 혹자는 전투 중 참모장교가 그런 세부 사항까지 신경 쓸 시간이 없다고 하지만, 필자는 명령의 전달방법을 결정하고 그것이 정확히 이행되도록 하는 것이 참모의 가장 중요한 임무 중 하나라고 생각한다.

그럼에도 불구하고 참모장교는 좀 더 중요한 문제에 집중한다는 명목으로 중요한 전투명령의 전달을 경험이 부족한 장교가 관리하는 통신반에 맡기게 되었다. 나는 "이틀간 밤낮으로" 계속된 생 미엘(Saint

Mihiel) 공세 중 통신반의 매우 '뛰어난' 장교가 아래와 같이 교신하는 장면을 목격했다.

> "좀 전에 그 소리가 뭐였지?"
> "무슨 소리 말입니까?"
> "그 큰 소리 말이야."
> "해병은 현 위치에서 한밤 중까지 역전 분투 중입니다."

일반적으로 말해서, 필자의 기억 속에 남아있는 "연락장교"의 이미지는, 자거나 또는 식사중이거나 둘 중의 하나이다. 그리고 당시 다른 사람들의 생각도 필자와 별반 다르지 않았을 것이라 장담할 수 있다.

필자는 연락장교의 기본 임무는 부대의 팀워크를 보완하는 것이라 생각한다. 따라서 부대에서 연락장교에게 임무를 부여할 때는 아래 세 가지 상황 중 적어도 한 가지 이상이 일어났다는 것을 의미한다. 첫째는 지휘관이 자신감이 부족하거나, 둘째, 참모장교들의 자질이 미달되거나, 셋째는 지휘관과 참모 사이에 의사소통의 부족할 때이다. 그러나 실제 전쟁 중에는 많은 부대들이 무분별하게 연락장교를 운영함으로써 불필요한 부담을 지게 되었다.

상급 부대 및 인접부대와 통신을 유지하고 필요한 정보가 소통될 수 있도록 보장하는 것은 지휘관의 중요한 임무 중 하나이다. 따라서 지휘관은 이러한 통신 업무를 전담할 참모를 두어야 한다. 또한 부대 지휘관의 개인적 능력이 아무리 뛰어나다 하더라도 혼란스러운 전투 중 전방부대에서 보내온 메시지를 정확히 이해하기 위해서는 최초에 작전을 구상하고 시행방법을 구체화시킨 참모와 함께 검토하는 것이 필요하다. 그렇지 않으면 그 메시지의 의미나 중요성을 완전히 이해하기가 매우 어렵다. 또한 정보를 상급 부대 및 인접 부대로 보내기 전에도 지휘관 및 참모의 검토가 필요하다. 부대위치 요도, 명령 사본, 상황 요약 등의 정보만으로는 전체적인 상황을 파악하기 어렵다면, 이를 연락장교에게만 맡길 것이 아니라 사안의 경중에 따라 세부 내용을 설명할 참모장교를 직접 파견할 필요가 있다.

그러나 앞서도 언급했지만, 전쟁 당시 연락장교의 숫자는 넘쳐났다. 전장의 전체적 상황을 이해하지 못하는 경험이 없는 연락장교에게 현재 부대의 상태와 지휘관의 의도를 설명하면서 시간을 보내는 사이, 부대의 지휘체계는 쓸데없는 내용만 가득 찬 메시지들로 꽉 막혀버렸고, 통신요원들은 이를 처리하는 데 애를 먹게 되었다.

뫼즈-아르곤(Meuse-Argonne) 전투 중 하루는 전령이 메시지를 전달하려 출발하는 것과 거의 동시에 인접 부대의 젊은 장교가 "연락장교"를 찾는다며 우리 부대의 지하 상황실로 들어왔다. 그는 연락장교를 찾는다며 거의 한 시간 동안 모두를 귀찮게 했는데, 그 장교가 들어올 때 어깨를 부딪치며 출발한 전령이 그가 소속된 부대에서 원하던 모든 정보를 가지고 있었던 것이다.

당시는 현장에 연락장교가 있든 없든 간에 모두가 "연락장교"를 찾고 있었다. 그들은 자신들이 가진 정보를 전달해주거나, 필요한 정보를 제공해 주는 누군가가 필요했다. 그러나 연락장교를 찾았다고 하더라도 일부는 연락장교를 어떻게 활용해야 할지 몰랐고, 또 어떤 사람들은 연락장교가 어떠한 정보를 가지고 있는지 알지 못했다.

극심한 압박에 시달리는 전투의 와중에서 부대는 말을 잘 듣지 않는 통신체계까지 운용해야 했고, 모든 통신망은 항상 폭주했다. 그 와중에 낯선 장교-때로는 적인 경우도 있었다-가 시도 때도 없이 나타나 지휘관과 참모들을 귀찮게 했다. 그러는 사이 대다수의 병사들은 자신들이 수행해야 할 임무도 정확히 모른 채 전투를 벌이고 있었다. 팀워크를 향상시키기 위해 도입된 체계인 '연락'이 오히려 팀워크가 효율적으로 발휘되는 것을 가로막았던 것이다. 그것은 말 그대로 끔찍한 파티였다.

제3장

엘리스와
미 해병대의 발전

제3장
엘리스와 미 해병대의 발전

20세기의 초반까지도 미 해병대는 분명한 조직의 정체성을 확립하지 못한 상태였다. 해군의 전투방식이 범선시대에서 증기선 시대로 변함에 따라 적함에 돌입하여 적 선원들을 공격하거나 함장의 지휘 아래 육전대(陸戰隊) 임무를 수행하기 위해 탄생한 해병대는 더 이상 그러한 임무를 수행할 필요가 없게 되었던 것이다. 따라서 해병대는 해군의 육상시설을 보호하거나 육군과 함께 지상작전에 참여하게 되었다. 한편 1900년 해군일반위원회(Navy General Board)는 전진기지 방어 임무를 해병대에 부여했다.[8] 이러한 해병대의 임무 변화는 미국-스페인 전쟁이 끝나고 해병대가 미국의 아시아 식민지인 필리핀에 배치되면서 더욱 명확해 졌다. 1908년, 시어도어 루스벨트(Theodore Roosevelt) 대통령은 해병대가 함정 요원으로 군함에 편승하는 것을 폐지하는 것을 승인했다.[9] 흥미롭게도, 이러한 해병대의 임무변화를 추진한 것은 해병대가 아니라 해군이었다.

제1차 세계대전 이전 해병대의 역할 정립에 주목한 사람은 미 해군의 윌리엄 프리랜드 풀럼(William Freeland Fullam) 제독이었다. 그는 훈련도의 저하 등의 이유를 들어 이제까지와 같이 해병대를 함정에 승조시키는 것은 득보다 실이 많다고 보았다. 그는 해병대는 해군 군함을 이동수단으로 함대의 전진기지를 장악하고 방어하는 역할을 수행해야 한다고 주장하며 해병대의 임무에 변화가 필요하다고 역설했다. 당시 해병대의 고위장교들은 이러한 움직임에 저항했지만, 결국 해군일반위원회의 결정에 따라 해병대에 새로운 임무 부여가 결정되었고, 해병대 전진기지부대가 탄생했다. 그러나 풀럼 제독의 아이디어를 현실화하기 위해서는 새로운 임무의 구체적 개념을 확립하는 것이 선행되어야 했다. 이러한 아이디어를 작전개념화하고 이의 수행에 필요한 구조편성을 제시한 사람이 바로 엘리스였다.

1911년, 이제 대위로 진급한 엘리스는 새로운 보직을 받기 전까지 해병대사령부에서 근무하게 되었다.[10] 해병대사령부에 도착한 엘리스는 해병 항공단에 지원서를 냈으나, 윌리엄 비들 (William P. Biddle) 해병대 사령관은 엘리스의 다른 능력에 주목했다. 비들은 엘리스에게 미 해군대학(Naval War College)의 여름 단기과정(summer course)에 입교를 권했고, 당연히 엘리스는 이를 받아들였다. 여름과정을 마칠 때 즈음 당시 해군대학 총장 로저스(William L. Rodgers) 제독은 비들 사령관에게 엘리스가 해군대학에서 연구를 지속할 수 있도록 요청했고, 엘리스는 1911년 9월 11일부터 1912년 10월 28일까지 겨울 정규과정을 계속하게 되었다. 그리고 엘리스에게 깊은 인상을 받은 로저스 제독은 졸업 후 엘리스가 교관으로 1년 더 해군대학에서 근무하기를 바랐고, 비들은 이 요청을 승인했다. 당시 해군대학의 교수진 중에는 젊은 장교들의 멘토였으며, 이후 제독으로 진급하는 윌리엄 심스(William Sims) 대령이 있었다.[11]

미 해군대학에서에서 근무하는 동안 엘리스는 전진기지작전을 중점적으로 연구하고 가르쳤는데, 그때의 강의록이 아직도 해군대학 기록관에 남아있다. 1921년 해병대사령부는 엘리스가 해군대학 근무 시 작성했던 연구보고서를 편집하여 작전훈련참모처(Department of Operations and Training)에서 활용할 참고도서로 출판했다. 이 참고도서는 엘리스가 해군대학 학생장교 시절 작성한 "해군기지 : 위치, 지원능력 및 방어규모(*Naval Bases; Their Location, Resources and Security*)", "기지 점령 거부(*The Denial of Bases*)", "전진기지의 방어 및 전진기지작전(*The Security of Advanced Base and Advanced Base Operations*)" 및 "전진기지부대(*The Advanced Base Force*)" 등 4개의 연구보고서로 구성되었다. 첫 번째와 마지막 보고서가 전진기지부대의 필요성 및 조직을 가장 잘 설명하고 있기 때문에 본 장에 수록하였다.

"해군기지 : 위치, 지원능력 및 방어규모" 연구보고서는 첫머리에서부터 해군대학 교육의 영향을 강하게 보여준다. 엘리스는 "해군의 전쟁은 적 함대를 찾아내고 추적하여 파괴하는 것이 되어야 한다"는 알프레드 세이어 머핸(Alfred Thayer Mahan)의 주장을 인용하면서 해군의 존재 목적에 대한 개념을 정의하는 것에서부터 보고서를 시작한다. 이어서 그는 해군작전에서 군수지원의 중요성 언급하고, 함대에서 군수지원을 제공하는 전진기지의 필요성을 강조한다. 그리고 그는 평시부터 전진기지를 확보하여 운영하는 것이 필요하다고 주장했다. 이러한 엘리스의 주장은 현재도 미군이 전방전개 전력(forward deployed forces)의 원활한 작전을 위해 평시부터 해외기지의 중요성을 강조하는 것에서 그 유용성이 증명되고 있다. 이어서 엘리스는 해병대의 임무를 해군의 전략목표와 연계시켰다. 그는 "함대작전을 지원하기 위한 기지를 확보하기 위한 방법에는 두 가지가 있는데, 첫째는 해상기지를 설치하는 것이고, 둘째는 전진기지로 활용할 수 있는 도서를 점령하는 데 필요한 전력을 갖추는 것이다. 이 전진기지부대는 함대작전을 지체시키지 않고 적시에 도서를 점령할 수 있는 능력을 갖추어야 한다."라고 주장했다. 이것은 아마도 전진기지부대를 보유해야 한다는 풀럼 제독의 아이디어를 미국 해병대의 구체적 임무로 명시한 최초의 사례일 것이다. 엘리스는 풀럼의 주장보다 한 단계 더 나아가 전진기지부대는 도서의 점령 및 확보뿐 아니라 이후 적의 공격을 방어할 수 있는 수준까지 되어야 한다고 주장했다.

지정학적 형세와 해군의 역할에 대한 설명에 이어, 엘리스는 "향후 미국과 충돌 할 가능성이 가장 큰 국가는 대서양에서는 독일, 태평양에서는 일본이 될 것이라 생각한다"라는 의미심장한 예언을 한다. 엘리스가 이 보고서를 작성한 시기는 1911년에서 1912년 사이로 추정된다. 타국 간의 분쟁에 개입하지 않는다는 고립주의를 취하고 있던 당시 미국의 대외정책을 고려할 때, 이러한 엘리스의 주장은 매우 파격적인 예측이었다. 보고서의 나머지 부분은 대서양과 태평양의 지정학적 형세에 근거하여 미국이 독일 또는 일본과 격돌할 경우 그 전쟁은 해전이 중심이 될 것이라 주장하는 내용이다.

태평양을 무대로 한 일본과의 전쟁은 해군의 주도로 펼쳐질 것이라는 엘리스의 예측은 현재도 주목을 끈다. 그는 일본과 전쟁이 발발하게 되면 일본은 "태평양에서 미국의 해군력 우세를 감소시키키 위해" 최우선적으로 노력할 것이라 정확하게 예측했다. 그리고 일본 해군은 행동의 자유를 확보하기 위해 태평양상에 있는 핵심 도서를 선점(先占)한 다음 미국이 이 거점에 접근치 못하게 할 것이라 보았다. 엘리스는 이러한 일본의 공세에 대응하여 미국은 전략적 공세를 취해야 한다고 주장했다. 그는 일본과의 전쟁 초기에는 진주만(Pearl Harbour)이 함대의 작전에 필수적인 전진기지가 될 것이라고 판단했으며, 함대의 진격에 따라 추가적인 전진기지의 확보가 필요함을 강조했다. 일본과의 전쟁에서 승리하기 위해서는 전진기지가 필요하다는 그의 반복된 주장은 제2차 세계대전의 "도서 건너뛰기(island hopping)"작전으로 그대로 실현되었다. 이러한 엘리스의 주장은 오늘날에도 여전히 큰 시사점을 주는데, 제2차 세계대전 당시와 마찬가지로 태평양의 지리적 형세는 미래에 발생할 수도 있는 미 · 중 간 전쟁의 양상을 결정하는 전제조건이기 되기 때문이다.

두 번째 보고서인 "기지점령 거부(The Denial of Bases)"는 미 · 일간 적대행위 시 일본이 태평양에서 추가적으로 기지를 확보하려는 시도를 저지해야 함을 언급함과 동시에, 일본이 점령 중인 기지의 탈취 필요성을 주장하는 내용이다. 이는 제2차 세대대전 중 태평양에서 집중적으로 실시된 적이 방어하고 있는 도서에 대한 상륙작전의 필요성을 예측한 것이라 할 수 있다.

세 번째 보고서인 "전진기지의 방어 및 전진기지작전(The Security of Advanced Base and Advanced Base Operations)"은 첫 번째 보고서에서 개략적으로 언급한 해병대가 어떻게 해군 작전을 지원할 것인가라는 주제를 상세히 설명한다. 흥미롭게도, 엘리스는 해병대는 함대를 위한 전진기지를 확보하고 함대는 해상에서 전진기지의 방어를 지원한다고 설명하며 해병대와 해군의 관계를 공생관계로 정의했다.

마지막 보고서인 "전진기지부대(The Advanced Base Force)"에서 엘리스는 이전의 논의를 요약 설명한 후 해군작전을 지원하기 위해 해병대가 어떠한 부대구조를 갖추어야 하는가를 제시한다. 특히 주목을 끄는 부분은 "상륙작전에 가장 적합한 편성은 소부대 단위, 특히 중대 단위의 집합체"라는 언급이다. 이 내용은 현재 미 해병대가 취하고 있는 부대구조의 모체라고 할 수 있다. 엘리스는 해병대는 평시에는 교육훈련 등을 위해 기본편제를 유지해야 하지만, 전장에서는 해상에서 임무수행에 부합하도록 재편성돼야 한다고 보았다. 실제로 현재 미 해병대는 대대, 연대 및 사단 단위의 평시편제를 유지하고 있지만 전투 시에는 이러한 편제를 적용하지 않는다. 오히려 해병기동부대(보병대대를 기초로 편성), 해병기동여단(보병연대를 기초로 편성) 및 해병기동군(사단을 기초로 편성) 등과 같은 기동부대(Task Force)를 중심으로 전투를 수행한다. 이 각각의 부대는 지상전투부대, 전투지원부대, 전투근무지원부대 및 항공자산을 하나의 부대로 편조하여 단일 지휘관이 지휘하는 통합된 기동조직이다. 1912년 엘리스는 이러한 기동부대 편성 방식이 상륙작전을 수행하는 가장 효과적인 방안임을 최초로 주장함으로써, 해병대의 공지기동부대 및 육군의 여단 전투단의 시초를 제공했다고 할 수 있다.

보고서 전반에 걸쳐, 엘리스는 전진기지는 별다른 저항없이 점령하고 방어할 수 있을 것이라 가정했으며, 일본의 방어수준을 판단할 경우에만 적 포병 및 지원화기의 능력을 고려했다. 이것은 보고서가 작성될 당시의 공식 교리를 반영한 것이었다. 이후 엘리스는 태평양에서 진행될 상륙작전의 전술적 사항들을 좀 더 세부적으로 발전시키게 된다. 이 장에서는 먼저 태평양에서 승리하기 위해서는 전진기지의 확보가 우선되어야 한다는 그의 탁월한 혜안과 구상을 확인해 본다.

해군기지 : 위치, 지원능력 및 방어규모, 1911/1912년

(Naval Bases; Their Location, Resources and Security, 1911/1912)

해군력을 구성하는 조직의 규모는 해당 조직이 전시에 독자적으로 담당해야 하는 노력의 성격과 범위를 신중히 검토한 후 이를 기초로 판단해야 한다. 그러므로 기지(基地)라는 주제를 다루기 전에 먼저 기지와 해군의 상관관계 및 전쟁 수행에 있어서 기지가 어떤 기능을 발휘하는지 연구할 필요가 있다. 이러한 선행 연구를 통해 도출된 결론에 근거하여 필요한 기지의 수와 위치, 그리고 각 기지가 갖추어야 할 지원능력 및 방어규모를 추정할 수 있을 것이다.

대다수의 관계자들은 해군의 전쟁은 적 함대를 찾아내고 추적하여 파괴하는 것이 되어야 한다는 데 동의하고 있다. 따라서 효과적인 해전 수행을 위해서는 어떠한 전장에서도 최대한의 효과를 발휘하여 공세적으로 작전할 수 있는 적절한 해군력이 필요하다.

현대의 함대는 자체적으로 군수지원이 가능한 수준 내에서만 전략적인 작전을 펼칠 수 있다는 특징이 있다. 따라서 함대는 적정 수준의 전투력을 유지하기 위해 연료, 탄약 및 식료품을 보급받거나 수리 및 정비를 할 수 있는 특정 지점 또는 안전한 기지를 기반으로 활동하게 된다. 함대의 규모가 확대되고 군함의 다양성과 복잡성이 증가함에 따라 함정의 수리정비 및 보급 문제는 함대 작전활동의 범위와 한계를 규정하는 핵심적 요소가 되었다. 현재의 미국 해군이 함대를 효과적으로 운용하기 위해서는 적의 공격으로부터 안전하며, 원활한 보급망이 갖춰져 있고 수리 및 정비 시설이 인접한 기지가 반드시 필요하다. 결론적으로 함대가 성공적인 전쟁을 수행하기 위해서는 제반 설비가 잘 갖추어진 안전한 기지가 있어야 하는 것이다.

기지가 갖추어야 할 지원능력의 수준은 함대가 해당 지역에서 작전하는 기간에 따라 달라지지만 일반보급품의 보급능력 및 안전한 통신체계는 기본적으로 갖춰야 한다.

함대의 보급과 정비를 위해서는 평시부터 기지에 예비 연료와 보급품을 비축해 놓아야 하는데, 이는 경제력이 높고 군사력이 강대한 국가에게도 매우 어려운 일이다. 또한 평시 물자를 비축해두었다 하더라도 일정한 간격으로 소모된 물자를 보충해야 한다. 이러한 보급물자의 보충은 기지가 본토에 있을 경우는 문제가 없지만, 해외에 있는 기지의 경우에는 위험이 따르는 해상수송을 통하는 방법밖에는 없다. 이에 따라, 해외 기지는 해당 구역에서 함대 활동을 지원하는 기능 외에도, 필요 시에는 최전방에서 활동하는 함대에 수리정비기능을 제공하는 능력까지 보유하는 것이 필요하다. 결론적으로 해외기지는 해군이 전쟁의 대동맥이라 할 수 있는 본토와 해외 전투해역을 잇는 해상교통로(lines of communication)를 보호하는 데 필수적 요소라 할 수 있다.

함대의 작전이 기지에 절대적으로 의존함에 따라 기지를 방어하는 것 역시 매우 중요한 문제가 되었다. 그러나 기지는 함대의 작전반경을 확대시켜주기 위해 존재하기 때문에 기지 방어지원 등을 위해 함대의 행동에 제약을 가해서는 안 된다. 따라서 기지에는 평시부터 제반 함대지원능력과 더불어 적절한 방어능력을 갖춰둘 필요가 있다.

이러한 기지의 건설 및 발전업무는 평시 해군의 주요 정책사업이다. 기지의 위치는 예상되는 전시 함대의 주요 활동반경 및 작전범위에 따라 결정되며, 이는 자국의 정책과 적군 및 아군의 군사전략을 면밀히 검토 한 이후에 결정해야 한다. 제반 여건의 제약으로 인해 자체적으로 기지를 확보하는 것이 불가능하다면 국가정책에 따라 타국으로부터 특정 항구를 조차(租借)하는 방안도 있다. 이것 역시 어려울 경우, 전쟁 발발과 동시에 기지를 확보하기 위한 사전준비를 갖추는 것이 필요하다.

기지를 건설할 항만을 선정할 때 가장 핵심적인 평가기준은 바로 *전시 함대작전을 지원하기에 얼마나 유용한지* 여부이다. 기지는 함대가 사용하기에 적합해야 하는 바, 구체적으로 아래와 같은 요건을 충족해야 한다. (a) 최소한 함대 전체전력의 절반 이상이 정박할 할 수 있는 양호한 묘박지(anchorage)를 보유할 것, (b) 적의 공격을 방어하기에 용이한 지형일 것, (c) 함정의 출입항이 용이한 항만 입구를 보유하고 있을 것, (d) 기후가 온화할 것, 그리고 (e) 조수 간만의 차가 작고 유속이 강하지 않을 것 등이다. 둘째, 기지는 함대의 지원이 없이도 적의 공격을 방어할 수 있는 적절한 규모의 방어력을 보유해야 한다. 셋째, 기지는 예상되는 함대의 작전구역과 너무 멀리 떨어져 있어서는 안 된다. 일반적으로 함대가 발휘할 수 있는 전투력은 기지로부터의 거리가 멀어짐에 따라 반비례하여 줄어든다. 작전구역에 인접한 기지는 시간의 절약뿐 아니라 다양한 이점들을 함대에 제공할 수 있다.

기지 위치를 선택 시에 추가적으로 고려할 부분이 있다. 후보 항구에 이미 자국의 군대가 전개하고 있거나 인접한 지역에 활용가능한 지원시설/자원이 존재하고 있다면 기지를 건설하고 방어능력을 확보하는 데 소요되는 시간과 노력을 절약할 수 있다. 따라 함대에 유용한 조건을 갖춘 후보군이 여러 개 있다고 하다면, 가장 적은 예산을 투입하여 건설, 운영 및 방어가 가능한 항구를 기지로 선정해야 한다.

그러나 어떤 경우에도 모든 요구 조건을 충족시켜주는 항구는 없을 것이며, 군사적 상황을 포함한 제반 요건을 종합적으로 고려하여 기지의 위치를 선택해야 한다. 일단 기지의 위치를 선정하고 나면 자연적으로 이미 결정되어 있는 요소를 제외한 고려요소들은 추가적 노력을 통해 필요로 하는 수준까지 향상시켜야 한다.

그러나 상설기지를 확보했다 하더라도 함대가 필요로 하는 모든 지원을 제공하는 것은 어렵다. 아군 함대가 적 함대를 지속적으로 추적하고 공격하기 위해서는 통상 추가적인 기지를 확보하는 것이 필요할 수 있다. 추가 확보가 필요한 기지는 평시 적국(敵國)이 관리하고 있던 거점일 수도 있고, 전쟁의 예기치 않은 상황변화로 인해 점령의 필요성이 대두된 자국 또는 타국의 특정 거점일 수도 있다.

이러한 추가확보가 필요한 기지들은 평시부터 개발이 불가능하기 때문에, 함대가 본토의 상설기지에서 작전구역으로 전개할 때는 각종 지원전력과 동행하게 된다. 여기에는 최대한의 연료, 보급품을 적재한 수송선 및 수리선 등이 포함되는데, 이는 함대가 기동성을 유지하는 데 필요한 모든 것을 갖춘 해상에 떠있는 기지라고 할 수 있다. 이 군수지원부대는 적의 공격을 피할 수 있는 안전한 거점에 위치하여 보급창 및 수리창, 전상자 구호소, 정보본부 등과 같이 상설기지와 유사한 역할을 수행한다. 이것이 함대 전진기지의 통상적인 모습이라 할 수 있으며, 전시 군사적 필요성에 의해서 만들어지고 필요성이 사라질 경우에는 해체되는 것이 일반적이다.

군수지원부대가 계속해서 함대와 동행할 경우 전술적으로 불리하기 때문에 적 활동이 예상되는 해역으로 진입하게 되면 군수지원부대는 함대의 주력부대와 분리, 신속하게 안전한 항만으로 진입하여 대기하는 것이 필요하다. 군수지원부대가 항만에 신속하게 자리잡아야 보급, 정비 등과 같은 지원기능을 빠르게 발휘할 수 있으며, 이를 통해 함대에 작전의 자율성과 효율성을 보장할 수 있다.

전진기지가 가능한 신속하게 기능을 발휘할 수 있도록 군수지원부대에는 항만을 접수하고 방어할 병력을 탑재한 수송선과 부유식 기지(floating base)가 포함되어야 한다. 또한 전진기지 건설에 소요되는 제반 장비물자 역시 미리 준비해 놓은 것이 필수적이다. 이러한 사전 준비를 통해 조기에 전진기지가 제 기능을 발휘하도록 해야 하며, 반드시 필요한 경우를 제외하고는 함대작전을 지연시키지 않도록 해야 한다.

전진기지의 위치 선정 시에는 일반적으로 상설기지의 위치를 결정할 때와 동일한 기준을 적용한다. 그러나 전진기지의 위치를 선택할 때에는 아래의 추가적인 영향요소를 반드시 고려해야 한다.

(a) 상설기지와의 근접성. 전진기지의 자체자산은 제한이 있으므로 긴급상황 발생 시 지원받을 수 있는 거리 내에 상설기지가 있는 것이 바람직하다.

(b) 해상교통로의 안정성. 해상 수송을 통해 지속적인 재보급이 이루어져야만 전진기지가 제 기능을 발휘할 수 있다. 따라서 전진기지와 상설기지를 잇는 해상교통로는 적의 공격에 노출될 수 있는 가능성이 낮을수록 좋다.

(c) 적의 공격에 대한 방어능력. 외부와 단절된 도서의 특성상 방어작전 시 외부의 전력지원이 제한되므로, 적의 공격 시 함대전력이 해상에서 도서 방어를 지원하는 것이 필요하다.

원칙적으로 전진기지와 상설기지 간의 거리가 가까울 경우 큰 영향이 없지만 거리가 늘어남에 따라 위의 요구조건들이 더욱 큰 영향을 미치게 될 것이다. 따라서 전진기지의 원활한 운영을 위해서는 상설기지와의 거리가 멀수록 함대가 전진기지의 방어를 지원할 필요가 있다.

상설기지와 멀리 떨어진 해역에서 작전하는 함대가 효과를 발휘하려면 작전에 필요한 전진기지를 확보하고, 적의 전진기지 확보 시도를 저지하는 것이 매우 중요하다. 해군 지휘관들은 함대를 전투해역으로 전개시킬 수 있는 능력이 해군력의 척도라고 여긴다. 함대가 상설기지와 멀리 떨어진 해역에서 작전해야 하는 상황에서 전진기지를 확보할 수 없다면 해당 해역에서 철수할 수밖에 없다. 또한 자국의 기지와 상대적으로 가깝거나 적이 중요한 목표로 간주하는 거점을 그대로 두는 것은 현실적이지 못하며, 가능하다면 이러한 거점은 확보해야 한다. 적으로부터 탈취한 거점을 아군의 전진기지로 활용할 수 있다면 적의 전체 작전에 어려움을 가중시킬 수 있다. 또한 이를 거점으로 어뢰정 및 기뢰전함 등의 전력을 운용하여 적의 해상우세에 타격을 가하거나 적의 해상교통로를 공격할 수 있으며, 적 주력함대의 접근을 탐지하는 등의 전술적 이점 역시 확보할 수 있는 것이다.

현재까지는 해군기지의 건설 여부는 국가 지도부가 결정한다는 기본 원칙이 유지되고 있다. 특정 국가(여기에서는 미국)에 필요한 해군기지의 위치 및 규모에 대한 구체적 소요를 도출하기 위해서는 먼저 그 국가가 어떠한 지리적 위치를 점하고 있는지 살펴볼 필요가 있다. 왜냐하면 각국이 처한 지리적 상황은 각기 다르기 때문이다. 각국이 처한 특정한 상황, 즉 지리적 위치와 그로 인해 파생되는 국제적 이익의 결과는 해당 국가의 적정 군사력 수준과 세부 전력규모를 결정하는 핵심 요인이 된다.

미국은 대륙 양쪽으로 대서양과 태평양이라는 두 대양의 펼쳐져있는 거대한 대륙국가이다. 이러한 지리적 형세로 인해 미국은 세계 주요 강국에 빠르고 쉽게 접근하여 소통할 수 있다는 이점이 있다.

미국의 또 다른 지리적 이점은 본토방어가 용이하다는 것이다. 미국은 본토에 자급자족이 가능할 정도의 막대한 자원을 보유하고 있다. 평시에는 바다를 통한 대륙 간 교역을 통해 큰 이익을 얻을 수 있지만, 전쟁으로 해외교역이 중단되더라도 미국의 생존에는 결정적인 영향을 미치지 못한다.

이러한 대륙국가적 특성 외에도, 미국은 인접한 아메리카 대륙 국가들의 국력이 상대적으로 약할 뿐 아니라 바다를 두고 다른 강대국들 분리되어 있다는 점으로 인해 해양국가의 특성 역시 가지고 있다. 금세기 들어 속력이 빠른 해군 함대와 상선단의 등장으로 인해 대서양과 태평양이 이전과 같은 수준의 안전을 보장해주긴 어렵지만, 이러한 미국의 고립성은 여전히 적이 미국 본토를 공격하기 위해서는 제해권 확보가 필요하다는 것을 의미한다. 적국이 미국을 상대로 결정적 승리를 달성하기 위해서는 바다를 건너 지상군을 투입해야 하는데, 이를 위해서는 먼저 해상을 통제할 수 있어야 하는 것이다. 반대로 생각하면 미국 역시 대륙 외부에 있는 국가와 전쟁을 벌일 경우 먼저 해상을 통제하지 않고서는 자신의 의지를 강요 할 수 없다는 점이 명백하다. 따라서 해양력(sea power)은 미국이 행동의 자유를 누리기 위한 필수요건이라 할 수 있다. 만약 미국이 해상을 통한 교역과 보급에 의존하는 일본과 같은 도서국가를 상대로 전쟁을 한다면 우세한 해양력 만으로도 충분히 승리할 수 있을 것이다. 그러나 미국의 상대가 독일과 같은 대륙국가인 경우, 해양력과 지상력이 함께 필요할 것이다.

미국의 지리적 형세를 좀더 정확히 이해하기 위해서는 앞서 살펴본 미국 본토의 특징에 더하여 국외 영토의 특징 역시 고려할 필요가 있다. 미국은 알래스카와 파나마 외에도 중남미, 동태평양 및 서태평양, 카리브해 등 지역에 영토를 보유하고 있다. 이 영토는 본토와 같이 자급자족은 불가능하지만 적이 바다를 통해 공격해야만 위협을 가할 수 있다는 특성이 있다. 결론적으로 이러한 지리적 형세로 인해 전면 전쟁 발발 시 미국의 승리 여부는 자국의 영토와 인접한 해역에서 얼마나 자유롭게 해양력을 발휘할 수 있는가에 달려있다. 이러한 미국의 지정학적 형세를 고려할 때 미래에 발발할 전쟁은 해군 중심의 전쟁이 될 가능성이 높으며, 양국 해군 간 함대결전을 통해 전쟁의 결과가 결정될 것이다.

미국은 풍부한 천연자원과 양호한 지리적 형세를 기반으로 세계 정치무대에서 영향력을 키워가고 있으며, 미국의 대외 교역량 역시 지속적으로 증가하고 있다. 또한 오늘날의 세계는 전례 없이 가까워졌고 크고 작은 분야에서 모두 상호 영향을 미치기 때문에 미국의 이익은 다른 국가의 이해관계와 밀접하게 연계되어 있다고 할 수 있다. 인구의 증가 및 지역 천연 자원의 개발 등을 둘러싸고 빈번하게 발생하는 국가 간 이해관계의 상충으로 인해 미국은 자국민의 이익을 보호하기 위한 정책을 개발해 왔다. 이러한 정책 중 일부는 상대적으로 중요성이 낮은 것도 있고, 어떤 정책은 국가 안보와 지속적인 발전을 위해 매우 중요한 것도 있다. 국가 간 핵심이익의 충돌은 일반적으로 국가 간 전쟁 또는 일방이 이익을 포기하는 방식으로 귀결되는데, 우리의 주요 관심사는 핵심이익의 충돌에 의한 전쟁이다. 현재 미국이 유지하고 있는 핵심적인 대외정책은 아래의 두 가지라고 할 수 있다.

(a) 먼로주의(Monroe Doctrine)*
(b) (중국에서의) 문호개방정책(The Open Door)**

첫 번째 먼로주의는 모든 국가의 영토 보전을 존중한다는 방어적인

---

* 먼로주의는 1823년 당시 미국 대통령이던 제임스 먼로가 독립 직후의 라틴 아메리카 여러 나라에 대한 유럽으로부터의 간섭에 대처하기 위하여 천명한 미국의 외교정책의 원칙이다. 주요 내용은 ① 미국의 유럽에 대한 불간섭, ② 유럽의 아메리카 대륙에 대한 불간섭의 원칙이다. 그 후 먼로주의는 1840년대에는 서반구에서의 미국의 세력 확장의 방해를 배제하는 주장의 근거로서 이용되었으며 또한 19세기말부터 20세기 초에는 서반구에서의 자국의 정치적 우월성을 유럽에 대해 주장하고, 미국만이 질서유지를 위해 간섭할 수 있다는 입장의 근거가 되는 등 새로운 의미가 부여되었다.

** 1898년의 미국-스페인전쟁 결과 필리핀을 차지하여 극동(極東) 진출의 발판을 얻은 미국이 자본주의 열강에 의한 중국분할의 위기를 해소시키고, 극동에서의 세력경쟁에 뒤진 자국의 입장을 만회하기 위하여 내세운 정책이다. 여기서 미국은 중국 영토 안에서 모든 강대국은 모든 나라 사람들의 권리를 존중해야 한다고 주장했다.

정책이다. 두 번째 문호개방정책은 전 세계, 특히 서태평양 지역에서의 자유로운 교역과 발전을 목표로 하는 공세와 방어적 측면을 모두 가지고 있는 정책이다.

영토의 보전은 국가가 유지되기 위한 근본 원칙이다. 자유로운 국제적 교역을 보장하고 확대하기 위한 정책은 최근 들어 그 중요성이 커지고 있다. 과거에는 사람들은 자국의 천연 자원을 개발하는 데에만 집중했다. 그러나 인구가 증가하고 국가의 자원이 대부분 개발됨에 따라 최근의 국가들은 외부로 눈을 돌리고 있다. 오늘날 대외 무역은 대부분의 국가에게 매우 중요한 문제이며, 가까운 장래에 모든 국가에서 가장 중요한 국가목표가 될 것이다. 세계 교역의 중심이 유럽에서 태평양으로 자연스럽게 이동하고 있는 지금이 미국에게는 매우 중요한 시기이다. 특히 현재 건설 중인 파나마 운하가 완공된다면 세계의 교역로가 반드시 통과해야 하는 중심지점으로서 미국의 전략적 중요성은 더욱 증가할 것이다. 따라서 먼로주의와 문호개방정책, 이 두 가지 정책을 굳건히 유지하는 것이 미국의 핵심이익을 수호하는 데 반드시 필요하다고 판단된다.

다음 질문은 누구로부터, 어느 지역에서 그리고 어느 정도까지 미국의 이익을 보호할 것인가이다. 아무리 강대하고 부유한 국가라 할지라도 모든 방향의 위협에 동등하게 대응할 수는 없다. 현대의 전쟁은 거대한 규모로 진행되는 값비싼 행위이다. 전쟁은 공식 선전포고를 하기 전에 벌어지기도 하고 예상보다 빠른 시기에 끝나거나 결정적 국면을 맞게 된다. 따라서 국가 간 핵심이익의 대립이 군사적 충돌로 귀결될 것으로 예상된다면 이에 대한 대비책을 미리 마련하는 것이 필요하다. 국가가 전쟁을 제대로 준비하기 위해서는 전쟁을 촉발시키는 원인을 추론하고 예상되는 적국의 의도와 주요 전쟁구역을 예측할 수 있어야 한다.

현재 영국과 독일은 대서양에서 미국의 가장 큰 경쟁자이다. 그러나 이미 전 세계에 많은 식민지를 보유하고 있고 활발한 교역을 통해 부를

쌓은 영국의 경우는 대체로 미국과 이익이 일치한다고 판단된다. 또한 영국은 미국의 먼로주의를 공식적으로 인정하기도 했다. 따라서 가까운 미래에 심각한 수준으로 양국의 이익이 충돌할 가능성은 희박하다. 반면에 독일은 미국의 정책과 직접적으로 반대되는 정책을 취하고 있다. 독일은 인구의 과잉과 국내 산업의 포화상태로 인하여 영토의 확장과 교역의 확대를 목적으로 외국으로 눈을 돌리기 시작했다. 동쪽으로 진출에 실패한 독일은 자연스럽게 서쪽으로 영토 확장을 꾀하게 되었으며, 현재 본국의 통일을 유지하는 것을 제외한 독일의 가장 큰 관심사는 카리브해 지역과 남미 지역이라 할 수 있다.

태평양의 경우 여러 경쟁국가가 있지만 지위와 국력 면에서 볼 때 일본이 미국의 가장 큰 경쟁자라 할 수 있다. 태평양 국가 중 일본만이 유일하게 세계적 영향력을 보유하고 있으며, 다른 유럽 열강국과 달리 본래 태평양 국가라는 이점을 가지고 있다. 최근 일본은 독일과 유사하게 경제적인 이유를 들어 태평양에서 영토 점령을 추진하고 상업적 영향력을 확대하고 있다. (청일전쟁과 러일전쟁에서 볼 수 있듯이) 일본은 자국의 이익 확대를 위해서라면 전쟁도 불사하겠다는 결의를 두 번씩이나 보여주었기 때문에, 향후에도 자국의 이익 추구에 필요하다고 판단될 경우 과감히 전쟁을 감행할 것이다.

앞의 논의를 종합하면, 향후 미국과 핵심 이익이 충돌 할 가능성이 가장 높은 국가는 대서양에서는 독일, 태평양에서는 일본이라고 결론 내릴 수 있다. 향후 미국과 이 두 나라가 전쟁을 벌일 경우 그 양상은 그 국가별로 완전히 다를 것이다. 따라서 타당한 결론을 도출하기 위해서는 각 국가별 상황을 각각 알아볼 필요가 있다.

대서양의 정세

미국과 독일 간에 전쟁이 일어날 경우 미국은 전략적 방어를 기본전략으로 취하게 될 것이다. 독일이 미국과의 전쟁에서 승리하기 위해서는 서대서양까지 자국의 함대를 진출시켜야 한다. 독일은 대서양을 횡단하여 본토 해역에서 대기하고 있는 막강한 미국 함대와 결전을 벌여 승리할 수 있다는 확신이 있을 경우에만 전쟁을 시작할 것이다.

독일 함대의 진정한 목표가 무엇인지는 확신할 수는 없지만, 기존의 연구를 근거로 할 때 카리브해 연안을 목표로 할 가능성이 가장 높다. 카리브해는 미국 해군이 가장 적게 배치된 해역인 반면, 독일에게는 가장 큰 해외 투자지역이기 때문이다. 그러나 독일의 전략적 목표가 어디가 되든지 간에 독일은 전쟁 발발 직전까지 자신들의 의도를 노출시키지 않으려 할 것이다.

독일은 카리브해와 가까운 서대서양에 해군기지를 보유하고 있지 않기 때문에 독일 함대는 대규모 군수지원부대를 대동해야 하며, 카리브해에 도착하게 되면 군수지원부대의 은신처를 확보해야 한다. 독일 함대가 미국 함대보다 전력 면에서 앞선다 할지라도 군수지원부대는 독일 함대의 전술적인 약점이 될 것이며, 군수지원부대의 안전이 확보 될 때까지 함대의 모든 전투전력은 적의 공격으로부터 이들을 보호하는 데 집중해야 할 것이다. 따라서 군수지원부대의 은신처가 확보될 때까지 독일 함대는 미국 함대의 격멸이라는 가장 중요한 임무를 수행할 겨를이 없을 것이다.

이 경우 전진기지는 미국보다는 독일에게 더욱 중요하다. 독일이 확보해야 할 기지는 본토의 상설기지 주변에 위치한 기지가 아니라 작전구역 가까이에 위치하여 함대에 수리 · 정비 및 보급을 제공할 수 있는 기지를 말한다. 그러나 독일이 카리브해에 전진기지를 확보하더라도 자국의 상설기지로부터 최소한 3,500마일 이상 떨어지게 된다. 만약 독일이 적절한 전진기지를 확보하지 못할 경우 서대서양에서 제해권을 확보하려는 시도는 물거품으로 돌아갈 것이며, 자칫하면 함대를 본국으로 철수시키거나 대서양을 횡단하는 원정함대를 새로이 조직해야 하는 상황에 직면할 수도 있다. (운이 좋을 경우 함대 세력을 잃진 않겠지만 미국함대를 격멸한다는 전략적 목표는 포기해야 할 것이다.)

이 전쟁에서 미국 함대의 임무는 독일 함대가 서대서양에서 작전하면서 제해권을 획득하는 것을 사전에 차단하는 것이다. 독일보다 전력이 열세할 경우, 미국 함대는 독일 함대가 군수지원부대와 동행하여 행동의 자유에 제약을 받고 있는 전술적 불리한 상황을 이용하여 승리를 추구해야 한다. 전력의 격차가 극심하여 이러한 전투를 감수 할 수 없다면 가능한 한 지연 및 교란작전을 펼치면서, 어뢰정과 기뢰를 활용하여 독일 주력함의 우위를 상쇄시키는 것이 가장 적절한 방책이 될 것이다.

동행한 군수지원부대로 인해 제 능력을 발휘하지 못하는 독일 함대에 대항하여 승리를 거두려면 미국의 함대는 가장 강력한 전투력을 발휘할 수 있는 위치에서 적 함대를 기다려야 한다. 이를 위해서는 사전에 정찰함정(偵察艦艇)을 활용하여 독일 함대 위치와 이동경로를 탐지하고 추적하는 것이 필수적이다. 그러나 미국은 대부분의 예산을 제해권 확보에 결정적 역할을 하는 주력함의 건조에 투입하고 있기 때문에 충분한 수량의 정찰함을 보유하지 못할 것이다.

이러한 문제의 현실적인 해결책은 카리브해에 상설기지를 확보하는 것이다. 이러한 기지가 확보될 경우 정찰함정은 이를 기반으로 정찰반경을 확대할 수 있으며, 어뢰정과 기뢰전함은 신속하게 임무에 투입될 수 있다. 또한 미국 함대는 상설기지를 기반으로 적 함대의 약점을 파고들어 강력하고 효과적인 공격을 가할 수 있을 것이다. 만일 적 주력 함대의 격멸에 실패한다 하더라도, 적 함대와 본토기지 간의 해상교통로를 교란하기 위한 작전의 근거지로도 활용할 수 있다.

현재 미국이 보유하고 있거나 타국으로부터 조차(租借)가 가능한 카리브해의 항만 중 함대의 기지로 활용할 수 있는 후보군은 아래와 같다.

- 푸에르토 리코의 쿨레브라(Culebra)섬*
- 푸에르토 리코의 파자르도(Farjardo)–비에케스(Vieques) 해협**
- 도미니카 공화국의 사마나만(Samana Bay)
- 도미니카 공화국의 만사니요만(Manzanillo Bay)
- 쿠바의 니페만(Nipe Bay)
- 쿠바의 관타나모만(Guantanamo Bay)
- 베네수엘라의 마르가리타섬(Margarita Id) – 카리스코 수로(Carisco waters)
- 콜롬비아의 카르타헤나(Cartegena)

푸에르토 리코의 쿨레브라(Culebra)는 섬의 항만 요건이 함대의 수요를 충족시킬 정도로 향상된다면 독일 함대의 예상 접근로 상 가장 근접한 기지가 될 수 있다. 통상 함대가 정박하기 위해서는 묘박지(錨泊地)*** 의 넓이가 8평방마일은 되어야 하는데, 쿨레브라섬의 가능한 묘박지 면적은 현재 5평방마일 미만이다. 쿨레브라섬의 묘박지 확장이 불가능할 경우 다음 기지 후보지는 도미니카 공화국의 사마나만(Samana Bay)이다.

---

* 1903년부터 1975년까지 미국의 해군기지가 있었으며, 전간기(戰間期) 미 해병대는 정기적으로 이곳에서 상륙훈련을 진행했다.

** 푸에르토 리코 본섬과 비에케스섬 사이의 해협으로 1943년부터 2004년까지 미국의 해군기지가 있었다.

*** 계류나 접안하지 아니하고 닻을 이용하여 함정이 정박하는 데 적합한 해역

해군의 자체 전력만으로 적절한 방어능력을 갖출 수 있는 기지 후보지는 쿨레브라섬과 사마나만뿐이다. 그 외 다른 후보지들은 해안 기지시설과 함대 묘박지를 보호하기 위해서는 육군을 배치하는 것이 필요하며, 해군의 자체 방어능력만으로는 적 함대의 공격을 막아낼 수 없을 것이다.

언급된 항구들은 미국 함대가 쓰기에 적합한 만큼 독일 함대 역시 이를 활용하려 할 것이다. 독일 함대가 카리브해에서 작전할 경우 전진기지가 반드시 필요하기 때문에, 독일이 카리브해에 전진기지를 확보하지 못하도록 저지하는 것이 미 해군의 핵심적인 과업이 될 것이다.

현재 미국이 보유한 군사력 규모를 고려할 때, 해안포병(Coast Artillery)부대와 육군부대로는 본국 해안과 파나마 운하 지대의 기지들, 그리고 카리브해 해군기지만 방어가 가능할 것으로 판단된다. 그 외에 서인도제도(the West Indies)와 남아메리카 지역에 위치한 기지를 방어하기 위해서는 전적으로 함대의 지원에 의존해야 할 것이다. 기지방어 임무를 위해 육군부대를 차출할 수 있다 하더라도, 독일 함대가 주력부대와 군수지원부대를 분리하여 운용하여 기지의 필요성이 없어지거나, 군대의 해외파견에 대한 여론의 반대로 인해 국가 지도부에서 방어부대의 배치 결정을 내리지 않을 수도 있다. 실제로 대중 여론의 반대로 인해 과거에 해군 함대가 카리브 해역에서 철수한 적도 있었다.

따라서 여러 가지 정황을 고려할 때 해외기지의 방어임무는 함대와 함께 작전하는 해병대가 맡게 될 것이 분명이다. 물론 해병대의 현재 규모를 고려할 때 다수의 기지를 방어하기는 어렵겠지만, 앞서 언급한 독일 함대의 접근을 거부할 수 있는 전략적 가치를 보유한 몇몇 기지를 방어하는 데는 충분할 것이다.

태평양의 정세

아시아에서 미국의 지정학적 형세를 고려하였을 때, 일본과의 전쟁이 발발할 경우 미국은 전략적 공세를 취해야 할 것이다.

미국과 비교할 때, 일본은 해군 면에서는 열세이나 육군은 큰 우세를 보이고 있다. 따라서 일본의 첫 번째 목표는 미국의 해군력 우위를 상쇄시키고 차후 함대결전을 위해 가능한 한 유리한 여건을 조성하는 것이다. 전쟁 초기 일본은 해군력이 열세하기 때문에, 육군이 주로 작전을 수행하고 (해군 작전에서 비중이 크지 않은) 일부 해군전력만 작전에 참여하게 될 것이다. 일본은 승리의 기회를 포착하지 않는 이상 위험을 무릅쓰고 주력함대를 작전에 투입하지는 않을 것이다.

전쟁 초기 미국 함대는 본토 연안에 머물러 있을 것이 확실하다. 따라서 일본은 잠시 동안 동아시아에서 제해권을 확보할 것이다. 일본은 전쟁 개시 직후 대규모 공세를 펼쳐 미국의 동아시아 식민지(필리핀)를 공격하고, 동시에 미국의 함대가 활용할 수 있는 모든 섬을 점령한 다음 미국이 이를 탈환할 수 없도록 노력할 것으로 예상된다. 전체적으로 볼 때 일본은 미국과 독일 간 전쟁 시 미국이 추구해야 할 작전과 유사한 경로를 따를 것으로 예상된다.

이 전쟁에서 미국 함대의 임무는 극동으로 진격하여 제해권을 확보하는 것이다. 이후 미국은 우세한 해군력을 활용하여–강력한 육군이 능력을 발휘하지 못하도록–일본을 대륙으로부터 고립시켜 전쟁을 승리로 이끄는 것이다.

미국 함대가 태평양을 횡단하여 극동으로 진격 시 직면하게 될 가장 큰 어려움은 바로 군수지원문제이다. 하와이 진주만에서 극동까지 태평양을 횡단하여 이동하기 위해서는 최소한 한번은 재보급이 필요하다. 함대가 군수지원부대를 호송하는 것은 매우 큰 노력이 필요한 일이며, 모든 보급을 군수지원부대에 전적으로 의존하는 것 역시 매우 위험한 일이다. 전체 함대의 군수지원을 위해서는 약 100,000만 톤의 석탄이 필요한데, 현재 미국 해군 및 미국 상선단은 이 수요를 충당할 수 있는 충분한 석탄보급선이 없어서 외국의 석탄보급선을 용선(傭船)해야 한다. 더욱이 육군이 병력 수송을 위한 수송선을 요구할 경우 군수지원 문제는 더욱 복잡해질 것이 분명하다.

따라서 함대의 군수지원 문제를 해결할 수 있는 유일한 해결책은 이 동로 상 함대가 안전하게 연료를 보급할 수 있는 지점을 확보해 놓고, 이곳에 아군이 충분한 수송선을 확보할 때까지 사용할 수 있는 예비 연료와 보급품을 마련해 놓는 것이다.

함대가 극동으로 진격 시 어떠한 경로를 택해야 하는가에 관해 이제까지 다양한 연구가 진행되었다. 먼저 하와이와 괌을 경유하는 경로가 가장 현실적인 경로라는 데는 이견이 없다. 이 경로 상 함대가 활용할 수 있는 항구는 진주만과 괌의 아프라(Apra)가 있다. 기존의 연구 결과에 근거할 때, 두 항구 모두 함대지원용 기지로 개발이 가능하며, 적절한 인력과 예산을 투입한다면 기지의 방어능력을 확보하는 것 역시 가능할 것으로 예상된다.

해상교통로를 따라 거점을 확보하는 것에 더하여 필리핀에도 해군기지를 확보하는 것이 필요하다. 필리핀의 어느 곳을 기지로 할 것인가는 함대가 쉽게 접근할 수 있고, 괌과 하와이를 잇는 해상교통로를 보호하는 데 용이하며, 일본에 공세를 취하는 데 유리한 위치인지 여부 등을 고려해야 한다. 이러한 요구조건을 고려할 때 해군 기지로 가장 적절한 위치는 루손(Luzon) 섬의 동부 및 북부 해안이다. 이 지역의 항구 중 포릴로(Polillo)와 카마긴(Camaguin)이 기지 설치에 적합하며, 그중에서도 카미긴의 위치가 좀더 양호하다. 두 곳 모두 묘박지의 넓이는 충분하지 않으나 포릴로의 경우 준설작업을 거친다면 함대를 수용할 수 있을 것이다. 그리고 두 곳 모두 적절한 규모의 지상군을 배치한다면 육상방어가 가능할 것이나, 바다 쪽으로 완전히 개방된 항구인 카마긴은 어떠한 전력을 배치하더라도 해상으로부터의 공격은 막아내지 못할 것이다. 이러한 모든 조건을 고려했을 때 필리핀에 설치된 함대 기지의 최적 위치는 포릴로라 할 수 있다.

괌의 안전이 확보되면 미국은 그 시점부터 일본에 대한 작전을 펼칠 수 있을 것이나, 승리를 위해서는 일본 해군을 압도할 수 있는 해군력의 우위가 필요하다. 따라서 미 해군의 전체 전력이 집결하게 되는 전투해역 인근에 대규모 함대 지원에 필요한 군수물자가 완비된 기지를 확보하는 것이 선결되어야 한다.

기지의 안전 확보

안전한 기지란 함대의 지원이 없어도 육지 및 해상에서 오는 모든 공격을 막아낼 수 있는 적절한 방어력을 갖춘 기지를 말한다. 방어가 불충분한 기지는 적의 세력을 늘려주는 한 가지 요소가 될 뿐이다. 최근 해군기지의 방어능력을 결정 짓는 요인은 아래와 같은 원인들로 인해 크게 변화하고 있다.

(a) 군함 건조비용의 증가 및 군함의 취약성
(b) 어뢰 및 잠수함의 발전
(c) 전투순양함의 등장
(d) 지상군의 규모 증가 및 유지비용의 감소

(a) 군함 건조비용의 증가 및 군함의 취약성

전쟁 중 피해를 입은 군함은 대체가 불가능하다. 군함은 적절히 운용할 경우 적 해상 역량을 파괴할 수 있는 유일한 군사력이라 할 수 있다. 그러나 군함은 값비쌀 뿐 아니라 적의 공격에도 취약하다. 상식적으로 적 야전군을 격퇴하기 위해서는 아 측도 야전군이 있어야 하지만, 전함은 한명의 특수요원이나 기뢰(機雷) 한기로도 파괴가 가능하다. 예를 들어 전함이 백만 달러 가치의 해안포를 공격했다면 명중한 부분만 피해를 입는다. 그러나 적이 해안포를 발사하여 전함을 한발이라도 명중시킨다면, 최대 1천 5백만 달러의 가치가 있는 전함을 무용지물로 만들 수 있다. 이러한 상황은 실제로 언제든지 일어날 수 있다. 이러한 이유로 인해 적 함대의 전력을 약화시키는 데 도움이 될 경우를 제외하고는 적이 방어력을 구축하고 만반의 준비를 갖추고 있는 해안으로 함대를 진입시켜 최신예 군함을 위험에 빠뜨리는 것은 큰 낭비라 할 수 있다.

일반적으로 아무리 우세한 해군력을 보유하고 있는 국가라 할지라도 제해권을 확보하기 전까지는 상대방 함대를 격멸한다는 목표를 달성하기 위해 전력을 보존하려 할 것이다. 따라서 방어력이 갖춰진 항만에 주력함대를 진입시키거나 근접하여 공격하는 방법을 취하지는 않을 것이다. 다만 상대방 항만에 상륙을 시도하면서 주의를 분산시키기 위한 목적으로 2등급 군함을 이용하여 양동(陽動)공격을 가할 수는 있을 것이다. 따라서 도서기지의 방어측면에서 볼 때, 주력함의 공격으로부터 항구를 보호하기 위해 과거와 같이 많은 수의 대구경포는 필요치 않으며, 적 주력함의 접근을 저지할 수 있을 정도의 해안포만 배치해도 충분하다고 할 수 있다.

(b) 어뢰 및 잠수함의 발전

오늘날 잠수함은 상당한 내파성(seaworthy)과 효율성을 갖추고 있어 미래의 전장에서 상당한 역할을 할 것으로 기대된다. 은밀하게 항만으로 진입하는 잠수함은 기뢰나 해안포로도 막기 어렵다. 따라서 잠수함의 침투를 완벽히 차단하기 위해서는 수중방재(水中防材)이나 대잠방어망 등과 같은 수중 방어체계를 추가로 설치하는 것이 필요하다. 수중방재나 대잠방어망의 설치가 불가능할 경우 군함용 어뢰 방어망(torpedo nets)이 유일한 방어책이 된다.

상대방 해군이 장거리 어뢰를 갖추고 있을 경우, 상대방은 공격 함정을 항만으로 진입하지 않고도 항내에 묘박 중인 군함을 목표로 어뢰를 발사할 수 있다. 따라서 항만이 육지 쪽으로 깊이 만입(灣入)되어 있거나 항만 입구가 차폐(遮蔽)되어 있는 경우가 아니면, 위에서 설명한 수중 방어체계를 설치해야 적 어뢰정의 공격에도 충분히 대비할 수 있다.

또한 상대방은 기뢰 및 대잠방어망을 무력화하기 위해 러일전쟁 시 일본 해군이 뤼순항(Port Arthur)을 봉쇄했던 방식과 비슷하게 낡은 상선을 이용하여 자침(自沈) 공격을 구사할 수도 있다. 이러한 공격은 잠수함이나 어뢰정이 항만 내부로 진입할 수 있도록 수중 방어체계를 파괴하고 진입수로를 개척하기 위해 이루어진다. 따라서 방어 측에서는 수중방어체계 전방에 기뢰를 부설하고, 해안포를 운용하여 항만으로 침투하는 잠수함 또는 어뢰정을 차단하는 것이 필요하다. 기뢰 부설이 현실적으로 불가능할 경우 해안포만으로 잠수함의 공격을 막아내야 한다. 따라서 최악의 상황을 고려할 때 기지에는 최소한 5인치 이상의 해안포를 배치하여 부설된 기뢰 및 수중방재와 함께 대잠/어뢰 방어능력을 보강할 필요가 있다.

일반적으로 항만 입구가 좁을수록 적의 어뢰공격을 쉽게 방어할 수 있다고 생각할 수 있다. 그러나 역설적으로 각국은 묘박 중인 함대가 적의 어뢰 공격을 받을 시 외해(外海)로 쉽게 분산할 수 있도록 항만 입구를 넓게 만들고 함대의 탈출을 위한 용도로 예비 진입수로를 추가로 준설하고 있다. 또한 함대가 긴급하게 기지를 이탈해야 할 경우에 함대의 안전한 이동을 보장할 수 있도록 항만 외곽에 방어용 잠수함을 배치하는 경우도 있다.

(c) 전투순양함의 등장

전략적으로 중요성이 높은 기지의 경우 이전에는 장갑 순양함의 공격만 막아내면 됐지만 이제는 막강한 화력을 보유한 전투순양함의 공격까지 감당해야 한다. 전투순양함은 지상으로부터 공격 위협이 없다면 최대 18,000야드 내에 있는 대형표적을 효과적으로 공격 할 수 있다. 따라서 주력함의 포격으로부터 기지를 보호하기 위해서는 지상표적을 공격하려는 적 주력함에 위협을 가할 수 있도록 충분한 해안포를 배치히야 한다. 이때 항만 외곽에 배치된 잠수함을 같이 활용한다면 적 함대의 육상공격을 저지하는 데 도움이 될 수 있다. 하지만 잠수함만으로는 적 함대의 공격을 완전히 막아낼 수는 없으며, 단지 보조적인 방어 수단의 하나일 뿐이다.

(d) 지상군의 규모 증가 및 유지비용의 감소

과거 전사를 살펴볼 때 해군기지를 점령하고자 할 때는 언제나 지상군을 동원하였다. 지상군의 지원 없이는 어떠한 기지도 점령할 수 없는 것이 현실이었다. 그러나 기지를 완전히 점령하는 것뿐 아니라 적이 기지에 저장하고 있는 물자를 파괴하고 적 함대가 기지에 접근하지 못하게 하는 데도 지상군을 활용할 수 있다. 이러한 목적이라면 항구를 완전히 점령하지 않아도 목표물을 공격할 수 있는 위치에 야포를 설치하고 포격을 관찰할 수 있는 위치를 선점하기만 하면 충분하다. 만약 한 국가가 "대규모의" 지상군을 보유하고 있고, 상대방이 지상군의 상륙을 허용하는 실수를 한다면 해군기지 점령을 위해 지상군을 활용하는 것이 가능하다. 지상군은 징집하는 데 많은 돈이 들지 않고 보충도 용이한 반면, 현대 전함은 값비싸며, 침몰할 경우 대체할 수도 없기 때문이다. 전쟁에서 지상군이 해상의 목표 달성에 기여할 수 있다면 우선적으로 활용하는 것이 바람직하다. 예를 들어, 러일전쟁 시 일본군은 뤼순항(Port Arthur)을 포위 공격하여 총 6만 명의 사상자(사망, 실종 및 부상자 포함)를 낸 끝에 여순 군항에 정박 중이던 러시아 해군을 무력화할 수 있었다. 비록 지상군이 많은 피해를 입긴 했지만 일본의 이러한 선택은 전쟁의 승리에 결정적 요소가 되었다.

기지에 대한 지상군 공격의 파괴력과 효과도가 증가함에 따라, 해군기지의 육상 방어능력을 확보하는 문제가 더욱 절실해 지고 있다. 해군기지의 방어에 영향을 미치는 전술적 고려 사항들은 아래와 같다.

(a) 함대결전으로 해전의 승패가 갈리기 전까지 해군기지는 상대방의 강력한 지상공격과 주력함을 제외한 모든 군함의 해상 공격에 견딜 수 있어야 한다.
(b) 지상공격과 잠수함의 어뢰공격 가능성을 고려할 때 이상적인 해군기지 위치는 육지 쪽으로 깊숙이 만입(灣入)되어 있는 만 내부에 위치한 섬이다.(현재 미국의 경우 이러한 지형적 조건을 갖춘 항만을 보유하고 있지 않음)

현재 미국이 보유한 해외기지는 모두 작은 섬에 자리잡고 있다. 또한 이 기지들은 육지 쪽으로 만입되어 있거나 좁은 항만 입구를 보유하고 있지도 않아서 그 입지조건이 양호하다고 할 수는 없다. 그러나 앞서 언급했듯이 해군기지에 필요한 모든 요구조건을 충족시키는 항구는 존재하지 않는다. 따라서 본 보고서에서 제안한 해군기지 후보지들은 전략적 위치를 충족해야 한다는 기본 요건을 놓고 보았을 때는 모두 가능한 선택지라 할 수 있다. 이 후보지들은 미국 함대의 작전을 지원할 수 있는 적절한 위치에 있고, 함대기지로 개발이 가능하며, 적절한 방어수단을 배치할 경우 적의 공격을 방어할 수 있다.

태평양의 함대기지 후보지 중 진주만은 현재 방어시설을 구축 중이며, 최근 육군과 해군은 괌의 아프라항을 해군기지로 개발하기로 합의하고 이에 필요한 방어시설 규모를 결정했다. 그러나 아직까지 도미니카 공화국의 사마나만(Samana Bay)과 필리핀의 포릴로항(Polillo Harbor)에 해군기지를 확보하는 것과 관련해서는 아무것도 결정된 사항이 없다. 따라서 본 보고서에서는 미국이 현재 함대기지 건설을 추진 중인 진주만 및 괌의 방어력 수준에 관한 사항을 중점적으로 다룰 것이다.

진주만과 괌의 방어에 필요한 상세한 요구조건을 알아보기 전에, 예상되는 적의 공격 양상에 근거하여 어느 정도 수준의 방어력이 필요한지를 먼저 확인해야 한다. 이를 근거로 함대기지에 필요한 적정 방어력의 수준을 결정할 수 있다.

독일의 해외 원정작전 및 상륙작전

1900년 중국에서 의화단 운동이 일어날 때까지, 독일은 지상군을 해외로 파견하는 데 거의 신경을 쓰지 않고 있었다. 당시까지 독일은 해외 식민지 방어를 위해 1만 명 규모의 식민지 부대(Colonial Troops)를 운용했는데, 이 부대의 장교는 독일인으로, 사병은 독일인과 일부 현지인들로 구성되었다. 이 부대는 간헐적으로 발생하는 식민지의 분란을 진압하기에는 충분한 수준이었다. 그러나 중국에서 의화단 운동이 발생하자 독일은 아시아에서 자국의 이익을 보호하기 위한 군대의 필요성을 인식하였고, 결국 본토 정규군의 파견을 결정하게 되었다.

1900년 7월 9일, 독일 황제는 정규군을 기간으로 특별원정부대의 편성을 지시했다. 이 특별원정부대는 1개 보병대대, 3개 기병대대, 4개 야전포대, 1개 중포대 및 기타 지원대(철도, 통신 등)와 군수 및 탄약지원대로 구성되었다. 7월 18일 부대편성을 완료하고 7월 27일에서 8월 4일에 걸쳐 중국으로 출발했다. 이 특별원정부대의 병력 및 편제는 아래와 같았다.

- 지휘부 및 장교 500명
- 부사관 및 사병 10,894명
- 화포 및 차량 558대
- 군수품 16,830 입방미터

이 부대는 총 10척의 증기선을 이용하여 이동했는데, 톤수로 따지면 총톤수(gross ton)로는 약 65,000톤, 순톤수(net ton)로*는 약 40,000톤 이었다. 병력 1인당 장비물자는 총톤수는 5.7톤, 순톤수는 3.5톤에 해당

* 선박의 밀폐된 내부의 총 용적으로 상갑판 이하의 모든 공간과 상갑판 위의 모든 밀폐된 장소의 적량을 합한 것으로, 총톤수는 선박의 수용능력이 얼마인지 나타낸다. 순톤수는 총톤수에서 기관실, 선원실, 해도실 등 선박의 운항과 관련된 장소의 용적을 제외한 것으로 순수하게 여객이나 화물의 수송에 사용되는 용적이다.

했다.

특별원정부대는 각 증기선의 수용능력과 구조가 허용되는 한 완편부대 단위로 승선했다. 그리고 수송선의 경우 수에즈 운하를 경유하여 열대 지방을 통과해야 하는 장거리 여정을 고려하고 부대의 전투력을 최상의 상태로 유지하기 위해 승객 수용 인원의 약 70%까지만 병력을 탑재했다. 또한 모든 증기선은 쾌적한 병력의 수용과 원활한 물품의 적재를 위해 개조개장을 거쳤다. 각 수송선은 증기기관을 장착한 단추진 선박이었고 선박건조 시 장착된 소형보트만 탑재하고 있었다.

군마(軍馬)는 장거리 해상이동에 견딜 수 있을지 확신할 수 없었기에 독일은 30필만 수송선에 탑재하여 해상수송의 가능성을 시험했다. 미군 참관장교들(observers)은 장거리 항해 끝에 동아시아에 도착한 군마들의 상태를 관찰한 후, 군마들의 해상수송은 적합지 않다고 보고했다. 독일은 각종 화포를 운반할 군마를 미국, 호주 및 중국 남부에서 현지조달한 후 독일령 뉴기니의 타쿠 환초(Taku)에서 원정부대와 합류하게 했다.

독일에서 태평양까지 항해는 42일에서 57일까지 지속되었으며, 경미한 고장을 일으킨 한 척 증기선을 제외한 모든 선박들이 제시간에 타쿠 환초에 도착했다. 이 항해 중 사고와 질병으로 인해 7명이 목숨을 잃었다. 원정부대가 타쿠 환초에 도착 후 앞서 독일 본토에서 출발한 부대에 더하여 아래의 병력과 장비가 증강되었다.

- 지휘부 및 장교 269명
- 부사관 및 사병 7,430명
- 화포 및 차량 303량
- 군수품 14,032 입방미터를 적재한 8척의 증기선이 8월 31일부터 9월 7일 사이에 추가로 합류

독일은 사상 처음으로 해양을 통해 이러한 막대한 규모의 군대를 수송했다. 전례도 없었고 사전준비 기간도 부족한 즉흥적 작전이었는데, 아래와 같은 사례를 보면 독일의 경험과 준비가 얼마나 부족했는지 알 수 있다.

(a) 타쿠 환초에 도착한 원정부대는 적절한 환적수단이 없어 상륙하는 데 상당한 어려움을 겪었다. 독일 해군은 모든 노력을 기울였지만 상륙에 필요한 주정(lighter)을 충분히 확보하지 못했다. 독일은 최초에 모든 병력과 장비를 칭다오(Tsingtau)항의 부두에 하역시킨다고 계획하였고, 상륙 역시 수송선에서 바로 실시할 수 있다고 생각하고 있었던 것이다.

(b) 일부 부대는 사전에 편제장비가 하역되지 않아 상륙 후 정상적 작전이 지체되었다. 이것은 독일 국가 지도부가 신속한 출발을 독촉한 나머지 전시와 동일한 탑재계획을 수립하지 못했기 때문이다.

(c) 운송용 군마 일부는 적시에 도착하지 않았다. 또한 현지조달한 군마를 전투용으로 길들이고 훈련시키는 데 큰 어려움이 있었다.

(d) 충분한 기병전력이 원정부대에 편성되지 않았다. 특히 중국 북부는 기병 작전에 적합한 지형이었고, 작전 수행 중 기병의 필요성이 크게 강조되었다.

(e) 타국 참관장교들은 독일 군대가 중국에서 작전 시 군복을 포함한 전투장비를 제대로 갖추지 못했다고 언급했다.

독일의 특별원정부대는 8개국 연합군이 잔여 세력을 소탕하던 의화단 운동의 막바지에 중국에 도착했기 때문에 과연 원정부대가 전투부대로써의 효율성을 발휘할 수 있었을지 여부는 확인하기 어렵다. 당시 독일원정부대는 하선하여 곧바로 공격을 감행할 수 있는 상태가 아니었고, 본토 각지에서 병력을 차출하였기 때문에 전투 효율성은 독일 정규 육군

(Landwehr)의 수준을 훨씬 밑돌았다고 알려져 있다.

독일군의 다음번 해외 원정은 1903년 말 헤레로(Herero)족의 봉기* 진압을 돕기 위해 독일령 남서 아프리카로 군대를 파병한 사례이다. 독일 식민지 군대는 자체 능력으로는 헤레로족의 봉기를 진압하기 못했고, 1904년 1월 21일 해병대 4개 보병중대 및 8개 기관총분대, 철도 부대 60명 및 해군육전대 약 700명으로 구성된 첫 번째 원정부대가 독일령 남서 아프리카의 중심도시 스바코프문트(Swakopmund)로 출발했다.

이후 본토에서 병력이 계속 증원되었고, 봉기가 진압된 1905년 7월 1일까지 총 15,734명의 병력과 13,000두의 군용가축이 독일령 남서아프리카로 이송되었다. 당시 독일은 작전에 필요한 말, 노새 및 소를 본토에서 직접 수송하지 않고 남아프리카 공화국과 아르헨티나 공화국에서 구입한 후 전장으로 수송했다.

당시 병력, 가축 및 군수품의 수송에 대한 세부 사항은 밝혀지지 않았다. 그러나 최초 수송선단이 스바코프문트에 도착하였을 때 해상상태의 악화, 항만 기반시설의 미비 및 적절한 작업 준비 부족으로 인하여 하역작업에 많은 어려움을 겪었다고 전해진다. 이 원정작전의 초반에 독일이 어려움을 겪게 된 주요 원인은 아래와 같았다.

(a) 급조된 부대에서 나타나는 자주 나타나는 현상으로서, 부대의 응집력이 부족했다.
(b) 통일된 지휘체계의 부재; 원정부대 사령관과 식민지부대 사령관의 지휘체계가 통일되지 않았다.
(c) 원정부대는 여러 부대의 자원자들로 구성되었고, 작전구역에 도착할

* 1904년 독일령 남서 아프리카의 헤레로족이 식민지배에 항거하기 위해 독일 이주민을 공격했다가 독일군에게 진압된 사건.

때까지 적절한 조직체계를 갖추거나 장비를 완전히 보급받지 못했다.

(d) 독일 장교와 사병 모두 수풀이 밀집되어 있고 관목(灌木)이 많은 열대지역 전쟁의 경험이 없었다.

(e) 예기치 않은 사태가 발생할 경우 상호 지원이 어려운 개별 종대 대형으로 작전했다.

(f) 독일 원정부대는 전장환경에 익숙할 뿐아니라, 기동성이 뛰어나고 결연한 의지를 가진 원주민과 대적해야 했다.

(g) 원정부대는 다양한 열대 풍토병에 시달렸다.

그러나 독일인들은 다음과 같은 노력을 통해 결국 작전을 성공으로 이끌었다.

(a) 압도적인 병력의 우세

(b) 방대한 통신연락체계의 구축

(c) 후속 군수지원이 용이하도록 철도 건설

(d) 적의 기동의 우세를 상쇄하기 위한 기병의 운용(지형 조건이 양호한 상황 하)

(e) 전쟁이 지속됨에 따라 열대지역 전투의 경험 축적

독일 원정부대는 헤레로(Herero) 봉기 진압작전이 끝나고 호텐토트족(Hottentots) 봉기 진압작전에도 투입되지만, 이전 작전의 연장선으로 볼 수 있기 때문에 특별한 교훈점은 없다고 본다.

이 헤레로 봉기 진압작전은 독일이 정규군을 해외에 파견한 가장 최근의 사례이다. 본 보고서의 연구결과를 종합해 볼 때 독일군은 해외 원정작전 및 상륙작전에 대한 연구를 거의 진행하지 않았다는 것을 알 수 있다. …[중략] 독일군은 원정작전 및 상륙작전 모두 철저히 준비하지

못했다. 당시 독일 원정부대는 급조된 조직과 장비의 단순한 집합체에 불과했다. 응집력과 조직력을 갖추지 못한 원정부대는 전투 중 값비싼 희생을 치러가면서 적군의 특성과 전장환경에 가장 적합한 부대조직 및 장비를 갖춰 나갈 수 있었다.

의화단 운동 시 8개국 연합작전과 헤레로 봉기진압작전 어느 경우에도 독일은 상륙 후 곧바로 신속한 공세를 취할 수 있는 부대를 전개시키지 못했다. 상륙 직후 공세개시 능력은 적이 방어선을 구축하고 있는 해안에 상륙작전을 펼칠 때 가장 필수적인 요건이다.

현재까지 알려진 정보를 종합해 볼 때, 독일은 약 1,400명의 해군육전대를 제외하고는 상륙작전을 위해 별도의 조직을 두거나 전문적인 훈련을 시행하고 있지는 않다. 그러나 독일은 과거 해외 전쟁에서의 실수를 통해 유용한 교훈을 얻었으며, 차후에 그러한 실수를 되풀이하지 않기 위해 몇 가지 조치를 취하고 있는 것은 분명하다. 특히 독일은 최근 일본의 사례에서 많은 교훈을 도출한 것으로 판단된다. 종합하여 볼 때 모든 전력을 총동원해야 하는 전면적인 전쟁에 돌입한다면, 독일 원정부대는 경험의 부족에도 불구하고 어느 정도 효율성을 발휘할 것으로 예상된다.

일본의 해외 원정작전 및 상륙작전

일본은 청일전쟁 중 해외작전을 처음 시행했고, 이는 큰 성공을 거두었다. 실제로 청일전쟁 중 일본의 웨이하이웨이*(Wei-hai-wei)의 점령은

* 웨이하이(威海)의 다른 이름, 산둥반도 옌타이 지구에 있는 교통의 요지.

종종 이러한 해외작전의 성공사례로 언급되고 있다.

일본의 성공은 철저한 준비 덕분이었다. 그리고 당시 성공의 경험을 바탕으로 더욱 철저히 다음 작전을 준비했다[원문 불분명]... 일본은 러일전쟁 중 이전과는 비교할 수 없이 신속하고 일사불란하게 원정부대를 탑재하고 수송하여 목표지역에 상륙시켰다. 러일전쟁 시 일본의 원정작전을 목격한 해외 참관장교들은 일본 해군과 육군의 긴밀한 협력, 탁월한 상륙 조직 편성, 그리고 하역 작업에 투입되는 인력과 장비의 효율적 운용 등을 높이 평가했다.

일본의 원정 및 상륙작전은 대부분 불리한 조건에서 수행되었다. 한국과 만주의 해안은 상륙작전에 적합지 않았다. 일반적으로 가파른 산들이 해안에 인접해 있으며, 해안의 수심이 얕고 조수 간만의 차가 클 뿐 아니라 간조 시에는 넓은 진흙 갯벌이 드러나는 지형이다. 이러한 이유로 통상 수송선은 해안으로부터 3마일 이내로 접근 할 수 없으며, 때로는 소형주정 조차 해안에 접안할 수 없다. 따라서 상륙단계에서 접근로를 건설하거나 병사들이 걸어서 진흙과 갯벌을 헤치고 해안까지 이동해야 하였다. 중국의 다롄(Dalian)은 일본이 상륙한 지역 중 유일하게 접안 시설이 있는 곳이었다. 일본군은 낮과 밤을 가리지 않고, 그리고 해상상태와 날씨가 아주 나쁜 상황 항에서도 상륙을 강행했다. 러일전쟁 동안 일본은 상륙작전 수행 중 직면할 수 있는 거의 모든 어려움을 경험했다고 말할 수 있다.

일본은 러일전쟁 중 작전보안을 철저히 유지하고 기만전술을 효과적으로 활용한 반면, 러시아는 방대한 해안을 모두 방어할 수 없었기에 일본의 상륙작전은 대체로 아무런 저항을 받지 않았다. 일본이 수행한 상륙작전의 일반적 절차는 아래와 같았다. 먼저 포함(gun boat)과 소해함이 해안선을 따라 이동하며 목표 해안을 정찰한다. 이 활동은 부분적으로는 적이 상륙목표를 추정하는 데 혼란을 가하는 기만활동이 되기도 했다.

정찰활동이 완료되고, 출발지에서 목표 해안 간 이동로가 어느 정도 안전하다고 확인되면, 수송선단을 목표해안으로 투입하여 하선을 개시한다. 하선이 시작되면 상륙작전을 전문으로 훈련한 해군육전대원들이 가장 먼저 상륙하여 후속 상륙을 엄호하는 역할을 수행한다.

수송선이 하선구역에 도착하게 되면, 빠른 속도로 하선이 수행되었다. 수송선에는 통상 물자뿐 아니라 하역에 필요한 인부들까지 승선하고 있었다. 병력과 물자는 통상 목선(sampans) 또는 소형 평저주정을 이용해 해안으로 수송되었다. 이 평저선은 최소 30명에서 최대 100명의 병력이 탑승할 수 있었으며, 만재 시에도 흘수가 2피트를 넘지 않았다. 각각의 목선이나 주정은 병력이 탑승 후 수송선의 선미에서 진수되었다. 그리고 통상 주정을 5열에서 10열까지 연결하여 하나의 주파(舟派)로 구성했다. 상륙주파가 구성되면 발동선이 이를 해변이나 상륙지역 근처까지 예인했다. 이후 해변까지는 탑승한 작업인부들이 노를 저어 이동하는 방식이었다. 이러한 일본군의 신속한 상륙작전 수행은 한국의 제물포(Chemulpo)와 러시아의 사할린 알코바(Alkova)에서 벌어진 작전을 통해 확인할 수 있다.

한국 인천 제물포(Chemulpo), 1904년 2월 8일 선견부대 상륙 :

약 2,500명의 병력과 약간의 군마를 탑재한 2척의 일본 수송선이 해안으로부터 약 3마일 외곽에 오후 6시 15분에 투묘하여 병력과 물자를 하역시킨 후 다음날 새벽 3시경 철수했다. 상륙은 제물포항의 오래된 부두에서 이루어졌다. 병력과 물자는 수송선에서 해변까지 평저목선을 이용해 수송되었으며, 각 평저목선은 30명에서 60명의 병력 또는 군마 5필과 병력 10명을 탑재했다. 각 평저목선은 최소 5열에서 10까지 연결되었고 이를 증기발동선이 예인했다. 기상 및 해상상태는 상륙에 양호하였으며 상륙 시 저항은 없었다.

사할린(Saghalein) 알코바(Alkova), 1905년 7월 24일 원정부대 상륙 :

먼저 일본 상륙부대는 닻이 잘 박힐 수 있는 모래나 자갈로 구성된 해안을 상륙해안으로 선정했다. 수송선들은 동시에 병력과 물자를 하역할 수 있는 적당한 간격으로 해안에 투묘하였다. 일본군은 10척의 증기 발동선을 운용했으며, 각 발동선은 약 100명의 병력을 탑재할 수 있는 소형 평저주정(너비 약 9피트, 길이 약 36피트)을 2~3개 예인하여 병력을 해안으로 이송하였다. 모든 병력의 상륙은 2시간 내에 마무리 되었다. 당시 기상 및 해상상태는 상륙에 양호하였으며 상륙 시 적의 저항은 없었다.

일본은 러일전쟁을 거치며 남만주(South Manchuria) 연안에서 대규모 육군을 상륙시키는 경험을 축적할 수 있었다. 따라서 일본은 제한된 면적의 해안에 동시에 대량의 병력을 신속하게 상륙시키는 데 특화되어 있다.

그러나 일본군이 적이 강력한 방어선을 구축하고 있는 해안에 상륙했다는 기록은 없다. 과거 일본이 상대했던 적들은 상륙 시 별다른 저항을 하지 않았기 때문이다.

현재까지 일본은 적전 상륙작전 경험을 보유하고 있진 않지만, 충분한 성공가능성이 있다고 판단될 경우 적전 상륙작전 수행을 감행할 것으로 판단된다. 현대전의 상황에서 방어 측은 포병화력을 보유하고 화기 및 부대를 은폐시킬 수 있는 지형의 이점을 누리는 반면, 공격 측은 선택할 수 있는 상륙구역이 제한된 상태에서 상륙작전을 감행할 경우 절망적 결과를 초래할 수 있으며, 성공한다 하더라도 막대한 피해를 감수해야 할 것이다. 그러나 일본은 과거의 사례를 통해 어떻게 해야 상륙작전이 성공할 수 있는지 알고 있기 때문에, 성공의 가능성이 있다면 어떠한 손실을 감수하고서라도 상륙작전을 감행할 것이라 판단된다.

과거 일본의 상륙전술을 고려할 때, 일본은 상륙을 감행하기 며칠 전순양함을 이용하여 전체 해안을 정찰할 것이며, 상대방의 방어능력 수준을 가늠해보기 위해 모든 상륙예정해안에 포격을 가할 것이다. 몇 차례 양동작전 후에 실제 상륙은 새벽에 개시될 것이며 해군 지원함정들은 강력한 화력지원을 퍼부어 상륙을 지원할 것이다.

당연히 일본은 상륙예정해안에 관한 상당한 지식을 보유하고 있을 것이지만, 야간에 상륙을 시도하지는 않을 것이다. 그러나 일본은 새벽에 시행될 상륙에 대비해 임시 거점을 확보하거나 장비 및 시설을 파괴할 목적으로 야간에 소규모 상륙부대를 다른 해안에 상륙시킬 수도 있다. 과거의 사례들에 비추어 볼 때, 적의 방어력이 구축된 해안에 야간에 상륙하는 것은 현지 정보에 능통하고 강도 높은 훈련을 받은 극소수의 부대만 가능하다는 것을 확인할 수 있었다.

결론적으로, 독일과 일본 모두 미국과의 전쟁을 벌일 경우 해군작전을 지원하기 위해 강력한 지상군 부대를 투입할 것이다. 따라서 미국의 기지, 특히 태평양의 기지는 강력한 적 부대의 공격에 직면하게 될 것이다.

전진기지부대, 1912년

(THE ADVANCED BASE FORCE, 1912)

앞서 우리는 전시 미국 해병대의 임무가 무엇이 되어야 하는가에 관해 살펴보았다. 이러한 전시 임무에 근거하여 미국 해병대는 어떻게 조직을 편성하고 운용할 것인가를 결정해야 하며, 평시부터 이러한 전시 임무를 수행할 수 있는 준비를 갖추어야 한다. 그러나 해병대는 전시 임무뿐 아니라 위기 시 임무 역시 고려할 필요가 있다. 현실적으로 국가는 전면전쟁뿐 아니라 전쟁과 "유사한" 분쟁에 직면하게 될 경우도 많은데, 전통적으로 미국은 각종 분쟁 시 해병대를 핵심적인 대응 전력으로 활용해 왔다. 군대에게 있어 전시 임무가 가장 중요하긴 하지만, "유사" 전쟁에서의 역할 역시 무시할 수 없기 때문이다.

그렇다면 이러한 전시 임무와 위기 시 임무를 제대로 수행하기 위해 해병대는 어느 수준의 병력과 장비를 갖추어야 하며, 부대는 어떻게 편제되고 배치되어야 하는가? 이 보고서에서는 이러한 질문에 대한 일반적 수준의 개념을 제시하고자 한다.

전진기지의 방어

전진기지 방어 문제는 대서양보다는 태평양에서 더욱 중요하기 때문에, 본 보고서에서는 태평양의 전진기지 방어와 관련된 문제를 집중적으로 다루고자 한다. 상설기지와 유사하게 전진기지 역시 소규모 도서에 위치할 가능성이 높다. 따라서 앞서 살펴본 상설기지의 방어에 관한 고려 사항들과 가장 가능성이 높은 적의 공격방책에 대한 검토를 통해 전진기지 방어에 필요한 핵심 요구조건들을 도출해 낼 수 있을 것이다. 기본적으로 전진기지의 방어에 필요한 수준은 함대작전을 지원하기 위한 상설기지의 방어 수준과 유사하다. 물론 전전기지부대 만으로는 상설기지 수준의 방어력을 제공하는 것이 불가능하겠지만, 가능한 한 상설기지와 유사한 수준의 방어능력을 갖추는 것을 목표로 삼아야 한다.

고정 방어전력

대구경 해안방어포대 : 항만 입구가 넓어서 방어가 어렵거나, (기뢰 부설 및 대잠방어망 설치 등의 효과가 미미한) 방어에 불리한 지형적 요건으로 인해 적 함대의 공격을 받기 쉬운 전진기지의 경우에는 가능한 한 6인치 이상의 대구경 직사포를 충분히 배치해야 한다.

해안방어포대 : 앞서 언급한 항만의 지리적 여건 및 항만에 대한 적의 가장 가능성이 높은 공격방책에 근거할 때, 해안방어포대는 항만 내부로 진입을 시도하는 구축함이나 어뢰정을 방어하는 데 가장 중요한 수단이 된다. 또한 여건이 허락할 경우 대공포대 역시 배치하여 적의 공격을 방어하는 데 활용할 수 있도록 해야 한다.

장애물 방어체계 : 어뢰 또는 잠수함의 공격을 방어하기 위해 수중방재 및 어뢰/대잠방어망을 항만 입구에 최대한 설치하여 활용해야 한다. 이러한 장애물 방어책을 잘 활용한다면 대구경포를 설치하는 것보다 더욱 큰 방어효과를 발휘할 수 있다.

감시초소 및 접촉식 기뢰 역시 중요한 방어체계 중 하나이다. 감시초소는 항만의 주 진입수로를 상시 감시할 수 있는 위치에 배치하며, 기뢰는 대구경포의 사거리 외곽에 부설하여 적이 해안으로 접근하는 것을 저지하도록 한다. 기뢰부설 시에는 어뢰정의 접근 및 기지를 봉쇄하려는 적 함정을 저지하는 데 효과를 발휘할 수 있도록 그 위치를 선정해야 한다.

탐조등 : 주요 해안방어포대가 그 위력을 제대로 발휘할 수 있도록 가능한 대형의 이동식 탐조등을 배치하여 야간 탐색 및 조명을 제공하도록 한다. 진입수로 방어용으로는 중소형 탐조등도 가능하다.

해상 기동방어전력

필요 시 함대는 전진기지의 방어에 필요한 능력을 제공할 수 있다. 이때 전진기지를 지원하는 전력은 함대의 주요작전에 미치는 영향을 최소화할 수 있도록 보조함정들로 구성해야 한다. 따라서 고정방어능력을 최대한 갖추어 해상기동방어 지원의 필요성을 최소화하는 것이 바람직하다.

육상 기동방어전력

육상 기동방어전력의 역할은 상륙한 적을 해안에서 저지하는 것이다. 전진기지의 육상 기동방어능력 역시 상설기지와 유사한 수준을 갖추어야 한다. 그러나 전진기지의 육상 기동방어 시에는 추가적으로 고려해야 할 부분이 있는데, 전진기지의 방어 시에는 도로를 개척하거나 통신선 가설할 시간이 거의 없다는 점이다. 이점은 전진기지 방어작전 시 육상 방어전력의 기동성 발휘와 부대 간 상호 협조에 상당한 영향을 미칠 것이다.

대구경포 : 4.7인치 공성포가 최선의 선택이지만 확보한 전진기지가 적의 작전해역과 근접해 있다면 대구경포의 배치가 어려울 수 있다. 그

러나 대구경포가 있을 경우 상륙을 시도하는 적 지상군뿐 아니라 해상의 적 함대를 방어하는 데도 활용할 수 있으므로 가능한 한 배치를 추진해야 한다. 또한 육상 및 해상 방어의 보조수단으로 대구경곡사포를 일부 배치하는 것도 좋은 방안이다. 전진기지가 위치할 대다수의 도서는 그 면적이 작기 때문에 대구경포를 고정 배치하더라도 섬 전체를 방어범위에 포함시킬 수 있을 것이다.

소구경포 : 활용도를 고려할 때 3인치포(산포)가 전진기지 방어에 가장 적합한 소구경포이다. 또한 소구경 곡사포도 추가로 배치하여 방어력을 보강할 수 있을 것이다.

탐조등 : 기동방어전력의 탐조등은 예상 상륙지점을 비출 수 있어야 하며, 최소한 15인치 또는 18인치가 되어야 한다.

기관총 : 방어해야 할 구역의 특성에 따라 다르지만, 최대한의 범위를 효과적으로 엄호하는 데 충분한 수량의 기관총을 배치해야 한다. 구체적으로 보병 50명당 최소한 1정의 기관총을 배치하는 것이 적절하다.

전진기지로 활용하기 위한 적의 기지 기습 및 항만 확보

적이 점령하고 있는 기지를 점령하는 임무는 기관총, 경야포 및 곡사포부대의 지원을 받는 보병부대가 주축이 되어 수행한다. 적 기지 점령부대는 전진기지 방어에 필요한 병력은 제외하고 편성한다.

분쟁 및 위기 시 원정작전

이 임무는 기관총부대와 경야포부대의 지원을 받는 보병부대가 주축이 되어 수행하게 된다. 이러한 간소화된 부대편성은 원정작전에 필요한 기동성을 보장해줄 뿐 아니라 투입 즉시 일정한 수준의 전투력을 갖출 수 있게 해준다.

분쟁 및 위기 시 원정작전 수행에 필요한 개략적인 병력 및 장비 수준은 아래와 같다. 이 예측은 필자가 해군대학에서 작성한 다른 연구보고서를 근거로 작성했으며, 개략적이긴 하지만 필수적인 요구조건은 모두 포함시켰다.

- 6.5인치 직사포 12문
- 6인치 곡사포 12문
- 3.5인치 직사포 8문
- 4.7인치 공성포 12문
- 3인치 경야포 36문
- 경곡사포 12문
- 기관총 100정
- 대형 이동식 탐조등 4식
- 36인치 이동식 탐조등 10식
- 18인치 이동식 탐조등 18식
- 수중방재 및 어뢰/대잠방어망
- 기뢰(접촉식, 원격 기폭식)

위에 제시된 각종 화기 및 장비를 운용하기 위한 최소한의 인원은 약 2,400명이며, 전체 원정작전부대 병력은 여기에 보병 및 지원요원을 포함해 최소 7,000명 이상으로 구성되어야 한다.

전진기지부대의 조직편성

전진기지부대는 해군작전을 지원하는 데 필요한 모든 병력과 장비를 통합하여 편성해야 한다.

전진기지부대는 고립된 지역에서 장시간 독립적인 작전을 수행해야 하기에 일반 보병부대와 달리 다양한 종류의 부대를 통합하여 운영하는 것이 필요하다. 그러나 필요한 특정한 부대의 규모가 어느 정도가 되어야 하는지는 임무의 성격에 따라 달라진다. 이러한 이유로 전진기지부대에 가장 적합한 편성은 소부대 단위, 특히 중대 단위의 집합체가 될 것이다. 이렇게 한다면 지휘체계를 단순화할 수 있고 임무의 특성에 따라 필요한 부대를 편조할 수 있으므로, 전시와 평시 모두 부여된 임무를 효율적으로 수행할 수 있을 것이다.

전진기지부대의 배치 및 주둔

가장 이상적인 전진기지부대의 배치는 평시와 전시 동일하게 부대의 모든 전투력이 발휘될 수 있는 위치에 배치하는 것이다. 그러나 전진기지부대의 배치 위치를 결정할 때는 분쟁 및 위기 시 원정작전의 가능성 역시 고려해야 한다. 필리핀에 주둔하고 있는 원정부대가 카리브해의 전쟁에서 싸울 가능성은 없으며, 중앙 아메리카에서 작전 중인 원정부대를 태평양으로 투입할 수는 없을 것이다. 따라서 각 지역에 배치된 전진기지부대는 해당지역에서 발생한 위기 및 분쟁에 최우선적으로 대응토록 해야 한다.

전진기지부대는 다른 모든 전력과 마찬가지로 해군 함대전력의 일부분이기 때문에, 집중의 원칙 역시 동일하게 적용되어야 한다. 평시 함대의 주 기지가 대서양 연안일 경우 전진기지부대 역시 대서양에 배치되어 함대와 함께 주기적으로 훈련해야 하며, 전시에는 함대와 함께 작전해야 하는 것이다.

전진기지부대의 주둔지는 신속한 동원이 가능한 위치여야 하며, 동시에 최고의 훈련 시설을 갖추어야 한다. 예상되는 해병대의 전시 원정 임무 및 평시 위기대응 임무를 모두 고려할 때, 가장 적합한 주둔지는 카리브해 및 중남미와 가까운 곳이다. 현재 해병대가 맡고 있는 해외 상설 기지의 방어 임무를 해안포병(Coast Artillery)과 육군이 인수할 경우, 국내 우발상황 대응부대 및 해외기지에 배치된 해병 파견대의 규모는 최소화하고 모든 병력은 전진기지부대 주둔지로 통합해야 한다. 이러한 병력의 통합은 현재 필리핀, 중앙아메리카, 중국 등에 배치되어 현행작전을 수행하고 있는 병력을 제외한 모든 해병부대에 적용되어야 한다. 또한 모든 해병 교육기관 역시 전진기지부대 주둔지로 통합할 필요가 있다.

마지막으로 해군과의 유기적 협력을 보장하고 해병대를 해군작전을 지원하는 효율적인 군대로 유지하기 위해서는 아래의 사항의 추진이 필요하다.

(a) 해병대사령부의 선임전투병과장교를 해군일반위원회(General Board of the United States Navy)* 의 위원으로 포함시킨다.

(b) 해병대사령부 선임전투병과장교 및 전진기지부대 주둔지 선임장교

---

* 1900년부터 1951년까지 미 해군에 있었던 고위급 의결 및 자문조직. 당시 전쟁계획의 발전, 해군전력의 획득 및 부대편성 등의 방향을 결정하는 핵심 조직이었다.

는 (특별 연구 위원회를 구성하여 해군 일반위원회에서 결정한) 해병대의 평시 및 전시 임무에 관해 세부적 연구를 수행하고, 이의 실행에 필요한 세부 병력 및 장비 소요제기서를 작성해야 한다.

(c) 연구 위원회에서 세부 보고서를 완성한 후에는 그 내용을 해병대 전체에 회람시켜 구성원 모두가 해병대의 임무를 이해할 수 있도록 하고, 이를 통해 새로운 임무 수행을 위한 사고와 노력의 통일을 확보토록 한다.

(d) 위원회는 일반참모부로 편성하거나 동등한, 권한이 보장되는 상설 조직으로 운용하고, 기본 임무 외에도 해병대 정책 수립 및 작전계획 준비 활동을 자문토록 한다.

(e) 미래 해병대가 수행할 임무에 정통한 장교를 선발하여 예상 작전구역에 대한 사전 정보수집 업무를 수행토록 한다.

(f) 해군대학 교관으로 근무 중인 해병장교, 해군정보국 소속 해병장교 및 미 육군대학 또는 병과학교에서 근무 중인 해병장교는 해병대와 관련되거나 유용한 정보를 수집했을 경우 이를 해병대 연구 위원회로 제출토록 한다.

1차 세계대전의 막바지인 1918년 10월 4일, 블랑몽 능선을 공격하는 제5 해병여단의 모습
(John W. Thomason Jr 作, 버지니아주 콴티코 미 해병박물관 제공)

제2보병사단장 재직 시절
프랑스전선에서 참모들과 함께한 러준 소장
(미 해병대 제공)

1944년 펠렐리우 상륙작전 시 미 해군의 화력지원 아래 해안으로 돌격하는 상륙돌격장갑차의 모습.
엘리스는 상륙작전의 성공을 위해서는 미 해군과 미 해병대의 유기적 협조가 필수적이라고 주장했다.
(미 해군 제공)

엘리스가 제시한 상륙작전개념은 1930년대 상륙훈련을 거치면서 점차 구체화되었다.
위 사진과 같이 당시 해병들은 주정에서 하선한 후 파도를 헤쳐나아가야지만 해안에 상륙할 수 있었다.
이러한 문제로 인해 방호력을 갖춘 함안이동 자산의 필요성이 대두되었다. (미 해군 연구소 제공)

전간기 미 해병대의 상륙훈련 광경,
함안이동 자산의 중요성을 다시금 확인할 수 있다.
(미 해군 연구소 제공)

1918년 미 해병대 주둔지를 시찰하는 미원정군 사령관 퍼싱 장군.
엘리스와 러준은 프랑스 전선에서 해병대의 역할을 확대해야 한다고 퍼싱 장군을 설득하기 위해 노력했다.
(미 해군 연구소 제공)

프랑스 전선에서 전방으로 행군하는 미 해병부대
(미 해병대 제공)

태평양전쟁 후반인 1944년까지도 미 해병대는 함안이동자산이 부족했다.
마셜 제도의 애니웨톡 환초에서 파도를 헤치면서 해안으로 상륙하는 미 해병대의 모습.
엘리스는 마셜 제도를 태평양 전선의 핵심지역으로 판단했다.(미 해병대 제공)

1944년 펠렐리우 상륙작전 중 파괴된 일본군 전차와 사망한 일본군.
그 뒤로 미 해병대 병사가 서있다.(미 해병대 제공)

마셜 제도 상륙작전 광경을 담은 항공사진
(미 해군 연구소 제공)

콰절레인 환초에 상륙하기 위해 상륙함에서 주정으로 옮겨타는 미 해병대.
일찍이 엘리스는 대일전쟁 발발 시 콰절레인의 점령이 필요하다고 예측했다. (미 해군 제공)

상륙작전 이전 해상 및 공중폭격은 적의 방어력을 약화시키는 데 필수적이지만,
이로 인해 상륙군이 활용할 엄폐물 역시 대부분 파괴된다.
마셜 제도의 애니웨톡 환초에서 LVT와 함께 폭격으로 폐허가 된 해안을 전진하는 미 해병대 (미 해군 제공)

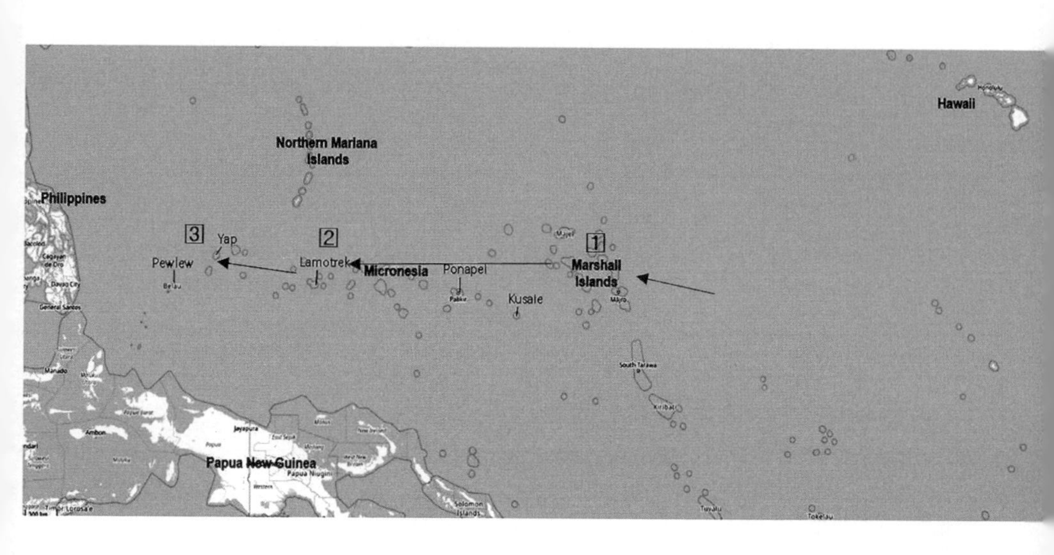

〈태평양 전선에서 단계별 확보 도서군〉

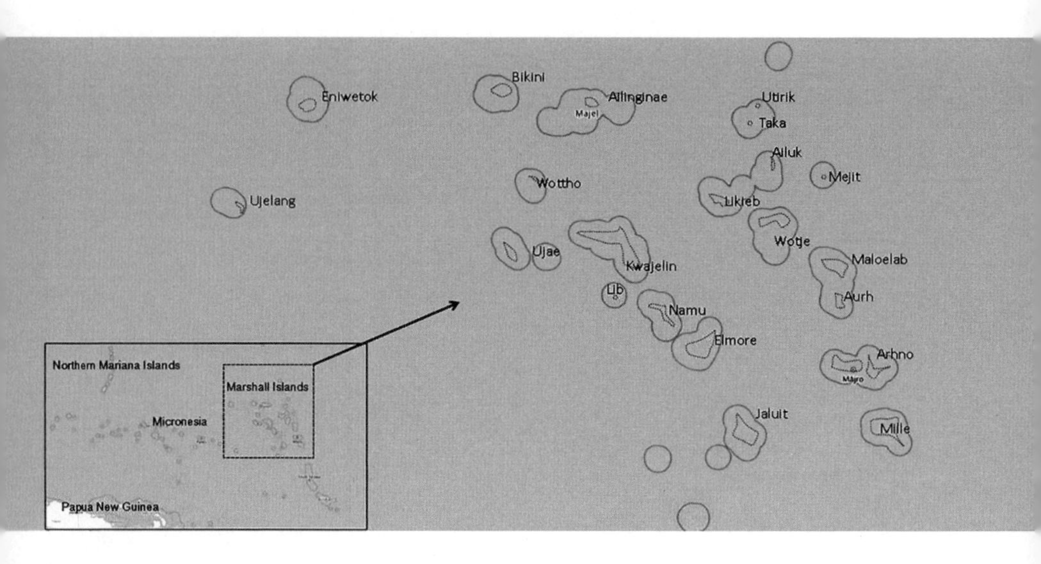

▌〈마셜 제도의 주요 환초(atoll) 현황〉

제4장

엘리스와 태평양

제4장
엘리스와 태평양

1920년대에 들어서도 미국 해병대의 임무가 무엇인지는 여전히 명확하지 않았다. 20세기 초반 전진기지를 확보하고 방어하는 것을 조직의 임무로 확정하려했던 자체적 노력에도 불구하고, 미 해병대는 제1차 세계대전의 유럽전장에 지상군의 일부로 참전하게 되었다. 전쟁 중 미 해병대의 병력은 74,832명까지 확장되었으나 전쟁이 끝난 1920년에는 다시 17,165명까지 축소되었다.[12] 해병대는 역사상 가장 잔인한 전쟁 속에서 육군에 뒤지지 않는 전투력을 발휘할 수 있음을 대내외에 과시하였지만, 국가정책을 뒷받침하는 데 해병대만의 고유의 능력을 발휘할 수 있다는 것 역시 입증해야 했다.

한편 제1차 세계대전이 끝나면서부터 미국은 태평양 지역의 패권을 두고 경쟁하게 될 일본의 부상에 직면하게 된다. 이렇게 일본과의 긴장이 조성되면서 1910년대 초 미 해군대학에서 만들었던 태평양에서 일본을 격퇴하기 위한 전략인 오렌지전쟁계획(War Plan Orange)*의 개정 필요

* 오렌지전쟁계획의 세부 내용은 에드워드 밀러(Edward S. Miller) 지음, 김현승 옮김, 『오렌지전쟁계획: 태평양 전쟁을 승리로 이끈 미국의 전략, 1897-1945(*War Plan Orange: the US strategy to defeat Japan, 1897-1945*)』, 서울: 연경문화사, 2015

성이 대두되었다. 엘리스의 후원자이자 새로이 해병대사령관으로 취임한 러준 장군은 이 개정작업을 통해 해군의 전쟁계획에 해병대의 전진기지작전 개념을 포함시키려 했던 것으로 보인다. 러준 사령관이 엘리스에게 이 문제를 연구하도록 지시했는지, 아니면 엘리스가 스스로 시작했는지 여부는 알 수 없지만, 해병대를 대표하여 이 개정작업을 책임진 사람이 바로 엘리스였다. 그가 내놓은 연구결과는 현대적 상륙작전 및 전력투사 개념의 기초가 되었으며, 해병대가 해군의 오렌지전쟁계획(War Plan Orange) 수행에 기여할 수 있는 작전개념을 제공했다.[13)]

미 해병대에서 전진기지 방어 임무가 공식화된 것은 1900년이었다. 그러나 이 전술적 임무를 보다 큰 전략적 임무와 어떻게 연계 시킬 수 있을 것인가에 대한 명확한 해법은 여전히 불분명한 상태였다. 전술과 전략의 연계는 당시까지도 널리 알려지지 않았던 작전술의 영역이었다. 그러나 일본과의 전쟁 시 함대의 작전을 지원할 전진기지의 확보가 반드시 필요하다는 엘리스의 연구를 통해 해병대가 발전시킨 전진기지 확보 및 방어전술은 태평양을 통제하여 승리한다는 미국의 군사전략과 연계성을 갖추게 되었다. 일찍이 1912년 엘리스는 일본과의 전쟁의 가능성을 예측했다면, 1921년에는 일본과 전쟁을 벌인다면 어떻게 싸워야 할지 그 방향을 제시했다.

이 장에서 소개할 1921년 작성된 '미크로네시아 전진기지작전'은 태평양의 지정학적 정세판단에서부터 시작된다. 그는 태평양을 사이에 두고 벌이는 전쟁은 광활한 바다에서 오는 거리의 영향력이 절대적이라는 점을 강조했다. 이는 오늘날도 마찬가지여서 최근 중국의 부상에 직면한 미국의 대응 측면에서도 엘리스의 분석은 여전히 유용성을 가지고 있다.

참고.

다음으로 엘리스는 태평양 섬에 거주하는 주민의 특성도 분석했다. 이는 현재 미군의 인간지형(human terrain)* 연구과 유사한 내용으로써, 작전시행 시 중요한 고려요소 중 하나이다. 그러나 엘리스의 주민특성 분석 내용에는 당시 일반적으로 퍼져있던 인종적 편견이 반영되어 있다는 것을 염두해 두어야 한다.

이후 엘리스는 '적 상황' 편에서 일본군의 의도에 대해 논의한다. 여기서 그는 일본이 먼저 전쟁을 개시할 것이며, 개전과 동시에 미 해군 함대를 파괴하려 할 것이라고 정확히 예측했다(그의 예측은 20년이 흐른 후 진주만(Pearl Harbor)에서 현실화되었다). 그는 일본군은 "아군의 작전을 지연시킴과 동시에 미국 함대를 공격할 수 있는 기회를 창출하려 지속적으로 노력할 것"이라고 주장했다.

오늘날 사람들은 이러한 유형의 전쟁개념을 반접근/지역거부(A2/AD) 전략으로 지칭한다. 2013년, 탱그레디(Sam J. Tangredi)는 반접근 전역을 "상대적으로 우세한 전력을 보유한 적대세력에 대항하여, 분쟁의 장기화 및 지속적인 전력소모를 강요하여 우세한 적대세력이 분쟁의 의지를 포기할 때까지 분쟁지역에서 자유롭게 활동하지 못하게 하는 것이다"라고 정의했다.[14] 이러한 반접근/지역거부 전략은 제2차 세계대전 시 일본이 시도했던 전략일 뿐 아니라, 현대의 전략가들이 오늘날 중국이 미국에 대항하여 태평양에서 추구하고 있다고 간주하는 전략인 것이다. 실

* 분쟁지역 주민들의 종교, 이념, 관습, 문화 등에 대한 이해를 통해 군사작전 간 군과 지역주민간 갈등 완화를 주 목표로 하는 활동이다. 미군은 아프가니스탄 전쟁과 이라크전쟁에서 야전 지휘관 및 참모에게 전장지역 주민들의 종교, 관습, 문화 등에 대한 정보 제공하기 위해 인간지형 프로그램을 운영했다. 인간지형 프로그램은 분쟁지역 주민들에 대한 포괄적 정보제공을 통해 종족 갈등 완화를 유도하여 폭력을 감소시킴으로서 군사작전에 기여했다는 긍정적인 평가가 일부 있었지만, 다수의 부정적 평가로 2014년 폐지되었다.

제로 당시 일본의 전략에 대한 엘리스의 분석을 미 해군에 대적할 수 있는 해군력을 건설하고자 노력하고 있는 현재의 중국에 대입할 경우 상당한 유사성을 확인할 수 있다. 특히 "적은 주력 함대를 안전한 구역에 대기시킨 채 함대결전에서 미국 함대를 격파할 수 있다고 확신할 때까지 소형함정 및 지상전력을 활용하여 지속적인 소모공격을 가할 것이다"라는 내용은 현재 중국군이 추구하고 있는 방향과 일치한다. 최근 미국 해군과 공군의 새로운 작전개념으로 등장한 "공해전투"는 바로 이러한 유형의 적에 대항하기 위한 개념인 것이다.

태평양의 지리적 형세와 적의 방어 의도를 분석한 정세판단을 토대로 엘리스는 전진기지를 확보하기 위한 전술적 방안을 보다 자세하게 설명한다. 여기서 그는 일본이 미군의 상륙을 저지하기 위해 해변에서부터 방어선을 구축할 것이라 정확히 예측했다(실제로, 1943년 타라와(Tarawa) 상륙작전 시 일본은 상륙하는 미군을 해변에서부터 공격하여 상륙초기 큰 피해를 입혔다). 또한 엘리스는 상륙작전 시 정보작전의 필요성과 주요 전투 종료 후 안정화 작전으로의 신속하게 전환이 필요함을 강조하기도 했다. 미국이 2003년 이라크 침공 전에 엘리스가 강조한 안정화 작전의 중요성을 정확히 이해했다면 전쟁을 좀 더 잘 수행할 수 있었을 것이다.

이 보고서에서 가장 주목해야 할 부분은 적이 방어체계를 구축하고 있는 해안에 대한 상륙은 성공할 수 없다는 당시의 인식을 극복하고 공세적 상륙작전을 향후 미 해병대가 수행해야 할 임무로 규정했다는 점이다. 제1차 세계대전이 한창이던 1915년, 영국, 호주 및 뉴질랜드 연합군은 갈리폴리 반도에 대규모 상륙작전을 감행했으나 만반의 준비를 갖추고 있던 터키군에 의해 격퇴되었다. 이 갈리폴리 상륙작전의 실패로 인해 현대적 방어무기체계가 갖춰진 해안에 상륙작전을 감행하는 것은 불가능하다는 인식이 널리 퍼지게 되었다. 심지어 당시 미 육군대학(Army War College)과 육군지휘참모대학(Army Command and General Staff College)

에서는 상륙작전은 유효한 군사적 방책이 될 수 없다고 가르치기까지 했다.[15] 그러나 엘리스를 포함한 해군 및 해병대 장교들은 상륙작전의 유용성에 대한 신념을 잃지 않았고, 엘리스의 보고서를 근간으로 현대적인 상륙작전의 개념을 발전시키기 위해 부단히 노력했다. 그리고 1921년 7월 23일 러준 해병대사령관이 엘리스의 보고서를 해병대의 정식 작전계획으로 승인함으로써, 유사시 일본을 격퇴하기 위한 계획인 오렌지전쟁계획 상에 해병대의 역할이 명확히 정립되었다. 당시는 갈리폴리 상륙작전의 실패가 아직 가시지 않은 시점이었음에도 불구하고 엘리스는 대담하게 모두가 불가능하다고 생각하던 적전(敵前) 상륙작전이 미국 해병대의 핵심 임무가 되어야 한다고 명시한 것이다. 그는 "바다와 육지에서 모두 작전해야 하고 적의 조직적인 저항을 극복해야 한다는 상륙작전의 특성을 고려할 때, 이를 수행할 부대는 전문적인 훈련과 사전준비가 필수적이다. 이러한 작전은 육군의 보병이나 포병으로는 불가하며, 상륙작전을 전문적으로 훈련한 해병대가 수행해야 한다"라고 주장했다.[16]

엘리스는 '미크로네시아 전진기지작전' 보고서의 나머지 상당 부분을 태평양 도서 해역의 지리적 형세와 그로 인해 초래되는 제약과 기회를 분석하는 데 할애했다. 대부분의 사람들은 태평양은 그저 깊고 푸른 바다뿐 이라고 생각한다. 그러나 태평양의 드넓은 바다에는 수천 개의 섬, 환초 및 군도가 산재하고 있다. 이러한 태평양의 지리적 형세는 해군의 기동을 제한하는 요소가 되기도 하지만 이동을 은폐하고, 상대방 함대에 기습을 가할 수 있는 기회를 제공하기도 한다. 이렇게 볼 때 태평양 해역은 함대결전이 아닌 치고 빠지는 식의 공격에 이상적인 장소인 것이다. 엘리스는 이러한 태평양의 지리적 형세에 대한 분석에 근거하여 일본군은 동태평양으로 진출하는 미군을 저지하기 위해 이러한 도서들을 중간 요격을 위한 기지로 적극 활용할 것이라 전망했다. 실제로 그의 예측은 과달카날 전역 및 필리핀을 둘러싼 여러 해전을 통해 사실로 증명되었다.

엘리스가 주장한대로 상륙작전에 필요한 조직과 교리를 갖추고 전문적 훈련을 받은 해병대는 태평양 전쟁 시 미국의 가장 강력한 전력투사 수단이 되었다. 당시 해병대가 태평양의 전진기지를 점령, 확보하지 못했다면 미군 선박과 항공기는 일본 근해까지 안전하게 이동하지 못했을 것이 분명하다. 반면 제2차 세계대전 시 유럽전구에서는 해병대가 아닌 육군이 상륙작전에 대규모로 참가하였다. 그러나 안지오(Anzio), 살레르노(Salerno), 노르망디(Normandy) 등에서 육군이 큰 피해를 입음으로써 상륙작전에는 전문적 훈련을 받은 해병대가 가장 적합하다는 엘리스의 주장이 정확하다는 것이 증명되었다.

엘리스는 모두가 불가능하다고 생각할 때 해군 작전을 지원하는 공세적 상륙작전의 필요성을 주장했는데, 이는 단순히 해병대의 조직 확대를 위한 논리를 만들려는 목적만은 아니었다. 엘리스의 연구는 그의 탁월한 지성과 전문성, 그리고 무엇보다도 국가를 위해 헌신한다는 열망의 산물이었다. 방대한 연구와 철저한 분석을 통해 엘리스는 이미 일본과의 전쟁이 발발하기 수십 년 전에 미국은 태평양을 횡단하여 전쟁을 수행하는 것이 필요함을 역설했다. 그가 이 연구 결과를 내놓은 지 100여 년이 흐른 지금, 미국은 다시금 태평양에서 미국의 접근을 가로막는 위협에 직면하고 있다. 엘리스의 탁월한 연구가 지금까지도 우리에게 유용한 교훈을 제공하고 있는 것이다.

미크로네시아 전진기지작전, 1921년

(ADVANCED BASE OPERATIONS IN MICRONESIA, 1921)

개요

미 · 일 간 적대행위 발발 시 우리의 의지를 일본에 강요하기 위해서는 미국의 함대전력과 지상전력을 일본 본토 근해로 투입하는 것이 필요하다. 이러한 목표를 달성하기 위해서는 함대전력이 태평양을 횡단할 때 필요한 전진기지를 확보하고 유지하는 것이 선행되어야 한다. 그러나 현재의 국제정세를 고려할 때, 미국이 평시부터 활용 가능한 기지는 하와이뿐이며, 나머지 전진기지는 일본과 적대행위 발발 후 탈취하여 활용할 수밖에 없다. 특히 일본은 마셜 제도(Marshall), 캐롤라인 제도(Caroline) 및 펠류 제도(Pelew Islands)*를 위임통치하고 있어 전쟁 발발 시 미국 함대의 진격 경로 상에 있는 여러 도서에 임시 기지를 건설하고 미군의 전진을 방해할 수 있다. 따라서 전쟁발발 이전 일본령 도서를 점령하여 전진기지를 건설하는 것이 현실적으로 필요하다.

미일전쟁 시 미국함대는 태평양을 횡단하여 일본 근해에서 일본함대를 격파해야 한다. 따라서 일본과 함대결전의 승리를 위해서는 함대전력의 우세를 유지하는 것이 필수적이다. 그러나 전쟁 초반 적의 주력함대는 자국 근해에 머무르면서 전력을 보존하고, 기뢰, 항공기 및 어뢰정 등

* 팔라우 제도의 옛 이름

으로 태평양을 횡단하여 이동하는 미국함대를 축차적으로 공격하여 미국 함대의 전력을 약화시키려 할 것이다. 미국이 태평양을 횡단하여 작전을 벌이기 위해서는 본토기지와 작전해역을 이어주는 해상교통로를 유지하는 것이 필수적이기 때문에 일본은 소모전을 시행하는 데 어려움이 없을 것이다.

충분한 병력을 보유하고 이러한 작전 수행에 적합한 능력을 갖춘다면 해병대는 해군의 전진기지를 확보하는 데 기여할 수 있다. 함안이동작전(ship-shore operations)에 숙달되어 있을 뿐 아니라 높은 사기와 정신력으로 무장된 해병대는 전진기지 확보에 최고의 능력을 발휘할 수 있을 것이다.

작전전구 정보 분석

해상환경

마셜 제도, 캐롤라인 제도 및 펠류 제도는 위도(緯度) 북위 4도에서 12도 30분 사이, 경도(經度) 동경 134도에서 172도 50분 사이의 해역에 방대하게 펼쳐져 있다. 마셜 제도는 약 30여 개의 환초가 두 개의 군도를 이루고 있다. 펠류 제도를 포함하는 캐롤라인 제도(Caroline Archipelago)는 약 48개의 군도로 이루어져 있다. 이 중 43개는 산호초이고 나머지 5개는 현무암질 화산섬을 산호초가 둘러싸고 있는 형태이다.(환초는 해안선과 연결되어 있으며 간조 시에는 그 모습이 드러난다).

이 지역은 세계에서 항해가 가장 어려울 곳 중 하나로 꼽힌다. 이 해역은 섬과 산호초가 "구름"처럼 흩어져 있을 뿐 아니라 정확한 해도도 아직 존재하지 않는다. 따라서 항해는 전적으로 시각에 의존해야 한다.

항해사는 마스트 꼭대기에 위치해서 태양을 등진 상태로 수심에 따라 물의 색깔이 달라지는 것을 판단하면서 항해한다. 일반적으로 물의 색깔이 약간 갈색을 띤다면 수심은 3피트 이내이며, 녹색이나 이보다 진한 색을 띤다면 1패덤* 이상이다.

이 해역에는 수많은 산호초가 존재한다고 보고되었으나 대다수가 그 존재나 위치가 아직 검증되지 않았다. 특히 구름반사, 화산 활동 및 해양동물의 이동 등이 산호초와 유사하게 물 표면의 변색을 유발하기 때문에 산호초의 정확한 위치를 확정하기 어렵다. 또한 일반적으로 환초의 중심섬과 산호초는 수심이 깊은 해역에서 갑자기 솟아난 형태가 많고 대부분 섬이 고도가 낮아 야간에는 관측이 어려운 관계로 정확한 정보를 파악하는 것이 쉽지 않다.

이 해역의 해류는 불규칙적으로 흐르며 바람에 영향을 많이 받는다. 북위 8도 남쪽에서 흐르는 해류는 시간당 0.5노트에서 2노트로 동쪽에서 북북동쪽 사이로 흐른다. 북위 8도 북쪽에서는 일반적으로 해류가 시속 1.5노트로 서쪽으로 흐른다. 군도 근처에서는 해류의 방향이 편향되고 속도가 빨라진다. 환초대에서 섬까지 이어지는 해역의 조류는 일반적으로 매우 강하게 흐르고, 고조와 저조를 측정하기가 매우 어렵다.

육상에서 측정한 해수면의 고조차(高潮差)는 평균 약 4피트이며, 시간과 일자에 따라 최대 1피트에서 7피트까지 다양하게 변화한다.

공중 환경

이 해역의 기후는 비교적 양호하다. 온도는 거의 일정하며 연평균 기

---

* 패덤(fathom)은 전통적으로 해양종사자들이 수심을 가늠하는 단위로서 1패덤은 6피트,트, 약 1.8미터가 된다.

온은 약 27℃이다. 구름이 많이 끼며 일반적으로 월평균 20일에서 25일간 섬 전체에 비가 내린다. 그러나 천둥이나 폭풍은 드물다. 대부분의 비는 6월에서 10월까지 몇 달간 이어지는 우기에 집중된다. 강수량은 남부는 높은 반면, 북부의 섬들은 항상 물부족에 시달린다.

마셜 제도에서는 12월에서 4월까지 북동 무역풍이 불긴 하지만, 어떤 경우에는 몇 년 동안 바람이 매우 가볍게 불거나 전혀 불지 않는 경우도 있다. 북동 무역풍이 불지 않는 경우에는 변풍대(變風帶)에서 남동풍이 불어온다. 북동 무역풍이 부는 시기에는 기상 이변이 자주 발생하며, 바람 방향은 동쪽에서 남쪽으로 이동하다가 다시 되돌아오는 경향이 발생한다. 5월에서 11월까지는 주로 동풍이 불지만 풍속과 지속 시간은 일정치 않다. 8월에서 11월까지는 강한 남서풍(폭풍)이 발생하거나 아예 바람이 없는 날이 있기도 한다.

캐롤라인 및 펠류 제도에서는 10월에서 5월 사이에 온화한 북동 무역풍이 분다. 7월에서 8월까지는 남서 계절풍이 주된 바람이고 간간히 동풍이 불기도 한다. 8월부터 9월 사이에는 간간히 강한 남서풍(폭풍)이 발생하기도 하지만 대부분 가벼운 바람뿐이거나 바람이 없는 고요한 상태가 유지된다. 이때가 항해하는 선박에게는 가장 위험한 시기이다.

이 해역은 허리케인이나 태풍의 직접적 영향을 받진 않지만, 8월부터 11월까지는 중국해에서 발생한 태풍이 해역의 서쪽에 간접적인 영향을 주기도 한다. 야프섬(Yap Island)의 경우 몇 차례의 심한 폭풍과 태풍을 겪기도 했다.

이 해역 상공은 대부분 구름이 많고 소나기가 잦으며, 바람이 변덕스럽기 때문에 비행에 양호한 조건은 아니다. 그러나 비상착륙 피난처로 활용할 수 있는 수많은 군도 및 환초가 존재하고 있기 때문에 이러한 불리한 기상은 어느 정도 상쇄될 수 있다고 판단된다.

육상 환경

작전구역 내 내의 육상은 아래와 같은 2가지 유형의 섬으로 나누어진다.

(a) 산호섬 형태 (화산섬 5개를 제외한 모든 섬)

이 섬은 산호섬을 둘러싸고 있는 산호초가 띠나 고리 모양의 환초를 형성하고 있는 형태이다. 산호섬은 산호충(珊瑚蟲)의 분비물이나 유해가 퇴적되어 만들어지며, 산호의 성장에 따라 계속해서 자라난다. 산호섬은 일반적으로 길고 좁은 형태를 가지며, 그 높이는 40피트를 넘지 않는다.

산호섬은 대부분 유사한 지리적 형태를 지닌다. 바다에서 산호섬을 바라보며 접근할 경우 먼저 심해에서 갑자기 돌출한 회색 보초(barrier reef)를 만나게 된다. 이를 통과하면 산호들이 산재한 얕은 바다가 하얀 모래 해변까지 연결되는데, 이 모래 해변은 섬의 고조면(high water mark)까지 형성되어 있다. 이후 섬의 육지가 이어지는데 산호모래 토양은 각종 풀과 딱딱한 나무뿌리로 뒤덮여 있으며, 히비스커스 나무와 같은 열대성 관목들도 자라고 있다. 또한 내륙 육지에서는 코코넛 나무, 바나나, 토란, 참마 등과 같은 열대성 재배 작물 역시 관찰할 수 있다.

산호섬에서 음용수는 빗물이나 (어디서나 발견할 수 있는) 그린 코코넛을 이용한다. 세탁 및 세면 목적의 물은 섬 중심부에 구멍이나 우물을 파서 사용한다. 구멍에서 솟아나는 물은 종종 음용수로 사용되나 다소 소금기가 있다.

산호 해변은 배수가 잘되기 때문에 양호한 주둔지가 될 수 있다. 또한 산호 해변은 육상 항공기가 착륙이 가능한 유일한 장소가 될 것이다. 환초(atoll)에 의해 형성된 초호(lagoon) 묘박지는 일반적으로 면적이 넓으며, 최대 75평방마일에 이르는 곳도 있다. 그러나 대다수 초호는 돌출된 산호초들이 산재해 있어 대형 군함이 정박하기에는 매우 위험하다. 돌출된 산호초가 적은 일부 초호의 경우에는 모든 종류의 군함이 정박할 수 있는 양호한 묘박지가 될 수 있다.

환초에는 초호와 외해를 이어주는 수로(passage)나 통로(breaks)가 있는데 일반적으로 폭이 좁고 수심이 다양하다. 작은 초호의 경우 통로 입구가 소형 보트가 통과할 정도만 되어도 충분하지만 대규모 함대의 묘박지로 활용하기 위해서는 대형함이 자유로이 통과할 수 있는 넓이의 수로가 최소한 하나는 있어야 한다.

(b) 현무암질 화산섬을 중심으로 구성된 형태 : 쿠사이에(Kusaie), 포나페(Ponape), 트루크(Truk), 펠류 제도의 야프(Yap) 및 바벨다오브(Babelthuab)*

(괌과 유사한 형태인) 야프섬을 제외한 나머지 섬들은 해저에서 융기한 현무암질 화산섬을 보초가 둘러싸고 있는 형태를 이루고 있다. 이 화산섬의 면적은 25평방마일에서 150평방마일까지, 고도는 1,000피트에서 2,900피트까지로 그 형태가 다양하다. 화산섬과 이를 둘러싼 보초(堡礁) 사이에는 초호가 있고, 초호는 조석에 관계없이 대형함이 상시 항해할 수 있는 면적을 보유하고 있다. 화산섬을 둘러싸고 있는 원형의 보초는 완전히 이어진 것이 아니라 듬성듬성 불규칙적으로 이루어진 형태이다.

내부 화산섬의 지형은 모두 유사하다. 외해에서 화산섬으로 접근할 경우, 먼저 보초와 초호를 통과하게 되고, 이를 통과하면 거초에 이른다. 거초를 지나게 되면 맹그로브 나무가 산재한 지대가 나타난다. 이 맹

---

* 쿠사이에의 현재 명칭은 코스라에(Kosrae), 포나페의 현재 명칭은 폰페이(Pohnpei), 트루크의 현재 명칭은 추크(Chuuk) 이다. 바벨다오브는 바벨투아프(Babelthuap)로도 불리며 팔라우 제도에서 가장 큰 섬이다.

그로브 지대의 넓이는 내부 화산섬의 급사면에서 산호초 위로 흘러내린 충적토의 양에 따라 달라진다.

맹그로브 지대를 통과하면 종려나무류와 양치류와 같은 정글지대 수목의 군락지가 있고 코코넛과 빵나무, 토란, 참마, 카바 등의 작물을 경작하는 것을 발견할 수 있다. 산 경사면을 따라 올라가면 좋은 목재로 사용할 수 있는 나무들과 정글, 그리고 평원이 펼쳐진다. 야프 섬의 경우 맹그로브 지대는 실질적으로 존재하지 않고 약 1.5마일 너비의 코코넛나무 지대가 있다.

섬 내부에서 연락이나 소통은 일반적으로 잘 이루어지지 않으며, 주요 연락수단은 원주민용 소형 카누나 보트뿐 이다. 인구와 주민 활동은 대부분 해안의 평원과 저지대 계곡에 집중되어 있다. 일반적으로 큰 화산섬들은 식수가 풍부하나 야프 섬의 경우 비가 많이 내리지 않는 해에는 빗물을 저장하여 활용하는 것이 필요할 때도 있다.

이 섬들에는 군대의 주둔지로 활용할 수 있는 장소가 있다. 그러나 곧바로 상륙할 수 있는 곳은 많지 않으며, 상륙에 필요한 기반시설을 구축하기 위해서는 어느 정도의 노력을 투입해야 할 것이다.

화산섬의 경우 섬의 만입(灣入)부에 형성된 소형 묘박지가 다수 존재하나 면적이 제한되기 때문에 전체 함대의 일부 함정만 수용할 수 있는 규모가 대부분이다. 게다가 외해와 초호를 연결하는 수로는 일반적으로 폭이 좁고, 수심이 얕으며, 구부러진 형태이기 때문에 대형함의 출입에는 적합지 못하다. 그러나 풍랑과 강풍을 피할 수 있기 때문에 흘수가 낮은 중소형함정에게는 훌륭한 묘박지가 될 것이다.

주민 특성

최소한 특정 계절에는 모든 화산섬과 중심섬에 사람이 살고 있다. 이

지역에는 흑인, 갈색인종 및 황인종으로 구성된 인구 약 7만 명이 거주하는데 대부분 인도네시아 지역으로부터 이주한 사람들이다. 과거 그들은 모험심 강한 항해사이자 체력이 뛰어나고 지능이 높은 대담한 전사들이었다. 이것은 원주민들의 오래된 전설과 고대 석조 구조물을 통해 확인할 수 있다.

그러나 불법적 포경선단의 출몰, 서양 선교사들의 과도한 광신주의, 유럽국가들의 식민지화 등으로 인해 원주민들은 점차적으로 서구의 나쁜 영향을 받아 게으르고 교활한 성격을 가지게 되었다. 모든 종족은 현재 겉으로는 기독교를 믿는 것으로 보이나, 속으로는 조상 숭배와 토속신앙이 결합된 과거의 미신과 관습을 더 따르고 있다는 것은 잘 알려진 사실이다. 서구세력과 교역이 시작되고 정주 경작생활이 보편화되면서 원주민의 호전적인 경향은 과거보다 많이 약화되었다.

외부의 영향으로 인해 원주민들은 정신적으로 급격한 변화를 맞게 되었고, 현재 이들은 전환기적 시점에 있다고 할 수 있다. 그리고 도서의 새로운 통치자로서 일본이 등장하여 국가에 대한 충성교육을 강화함에 따라 원주민의 정신적 혼란은 더욱 가중되고 있다. 이러한 충성교육에는 이전 원주민의 토착종교와 유사한 일본 종교*로의 개종도 포함되어 있을 것이다. 이러한 광범위한 환경과 문화의 변화는 원주민들이 이전의 삶의 방식에서 이탈하게 할 뿐 아니라 그들의 정체성에 혼란을 가져와 고유의 인종 및 부족 단위생활을 해체시키는 원인이 되고 있다. 과거 원주민들은 자신의 부족에게 충성을 바치는 것이 일반적이었지만, 급격한 사회의 변화로 인해 이러한 원주민의 특성이 다양하게 변화하고 있는 것이다.

상륙군이 도서에 상륙하게 되면 원주민에게 충분한 자금을 지원함과

---

* 일본의 토착종교인 신토(神道)를 말한다.

동시에 원주민의 관습을 인정하고 자치를 보장해야만 지역의 안정을 유지할 수 있을 것이다. 원주민의 저항 여부는 일본이 얼마나 원주민의 지지를 얻어 그들을 전투에 참여하게 하느냐에 달려있다. 이럴 경우 충성도가 높고 과거 전사적 기질을 회복한 원주민들이 덤불속에 매복해 있다가 기습을 가하거나 산호초 사이에서 상륙주정을 공격할 수도 있으며, 정글에 장애물을 설치하고 끈질기게 방어전을 펼치는 등의 사태가 발생할 가능성도 배제할 수 없다.

섬에서 원주민들 간에 사용되는 언어는 실제로 섬의 숫자만큼 다양하다. 대부분의 어원은 아시아계로 거슬러 올라갈 수 있지만, 언어가 현대의 영향을 받아 크게 변형되었기 때문에 말레이반도인은 이 지역의 사투리를 거의 이해할 수 없게 되었다. 더욱이 대륙과의 이격 및 각 섬 간 고립으로 인해 방언들의 격차가 심해졌다. 마셜 제도에서 사용되는 방언은 캐롤라인 제도에서 사용되는 방언과 큰 차이가 있다. 캐롤라인 제도의 방언 역시 펠류 제도 및 야프 섬과 상당히 다른데, 특히 야프 섬의 방언은 말레이어의 영향을 크게 받았다. 그러나 영국과 미국의 포경업자, 상인 및 선교사 등으로부터 교육을 받아 도서 전체에서 많은 원주민들이 영어를 구사한다. 따라서 통역으로 활용 수 있는 원주민은 충분할 것이나, 그들의 충성은 얼마나 많은 돈을 지급하느냐에 달려있고 할 수 있다.

이 지역 섬에 거주하는 외국인은 일본인을 포함해 약 2,000명 가량이며, 일본 군인들의 수는 제외한 수치이다.

경제 상황

원주민들의 일반적인 경제활동은 코코넛, 빵나무, 바나나, 토란, 참마, 사탕 수수, 카바 등의 경작과 염소와 돼지의 사육 및 낚시 등으로 이루어진다. 일부 유력 가문이 대부분의 땅을 소유하고 있으며, 보통 원주민은 소작인이다. 주요 수출 품목으로는 말린 야자(copra), 말린 해삼, 거북 및 진주 등이 있다. 주요 수입품은 면제품, 통조림, 식기류, 낚시 도구 및 육지에서 가져온 진기한 물건 등이다. 특히 도서 간 식수의 운반과 조업 활동이 매우 활발히 이루어지고 있는데, 이를 목적으로 카누 또는 돛단배를 이용하는 원주민 "상선대(Merchant Marine)"가 상당수 존재한다. 또한 백인과 일본인들이 섬 사이를 오가는 연안선이나 섬과 대륙을 잇는 외항선을 운영하고 있다. 이 선박들은 주로 수출입 무역을 담당한다. 이 지역을 통치하는 일본 군부가 자국 상인과 경쟁할 수 없도록 외국 선박에 상당한 제한을 부과하고 있기에, 현재 일본 상인은 이 지역에서 실질적으로 교역을 독점하고 있다.

교역소는 일반적으로 제도 및 군도의 중심 섬에 위치하고 있으며, 인접한 섬들에는 분소가 설치되어 있다. 수출품은 대부분 원주민 공예품이며 연안선이 이를 실어 나른다. 물물교환 장소는 연안선 선상이나 해안에 펼쳐진다. 이러한 모든 교역 사업은 사실상 백인, 일본인 및 중국인(통상 상점 주인)이 주도한다. 교역소 주변에는 소형 선박을 위한 임시 선착장이나 임시 창고 역시 많이 건설되어 있다.

섬을 정기적으로 방문하는 외항 교역선도 있는데, 특히 펠류 제도에서는 인산염 퇴적물을 수거하기 위해 정기적으로 증기선이 운항하고 있다. 이 지역에서 유일한 해저통신선은 야프 섬에 설치되어 있으며, 이는 괌과 필리핀, 그리고 일본과 연결되어 있다. 또한 여러 섬에 군사용 무선통신국이 설치되어 있다.

이 지역의 위생보건 상황은 열대지역인 점을 고려할 때 대체적으로 양호한 것으로 판단된다. 우기 중 늪지대와 화산섬 지역에서는 장티푸스(Fevers)와 점막염증(cattarh)이 흔하게 발생한다. 폐병, 백선(白癬) 및 상피병(象皮病)은 원주민에게 일반적인 병이나, 나병과 성병은 흔하지 않다. 그리고 홍역과 일부 전염병이 간헐적으로 유행하여 섬에 치명적인 결과를 초래하기도 했다. 최근 몇 년 동안 원주민 인구는 급속히 감소했지만 현재는 어느 정도 인구수를 유지하고 있는 것으로 보인다.

부대의 위생상태를 높이기 위해서는 청량한 북동무역풍이 불어 통풍이 잘되는 곳, 배수가 양호한 높은 지대에 주둔지를 마련할 필요가 있다.

적 상황

일본은 세계적 강국이며 육군과 해군은 의심 할 여지없이 최신의 장비를 갖추고 높은 훈련수준을 유지하고 있다. 미국의 일관된 침략거부 정책을 고려할 때, 일본이 먼저 전쟁을 개시할 가능성이 높다. 일본은 미국의 공격을 방어할 수 있는 능력과 미국 함대를 격파할 수 있는 충분한 군사력을 갖추었다고 판단될 경우 전쟁을 감행할 것이다.

앞서 언급했듯이, 미국 함대가 태평양을 건너 아시아의 작전해역으로 이동하는 동안 일본은 어뢰정, 기뢰 및 항공공격 등을 활용하여 미국 함대의 전력을 약화시키려 할 것이다. 태평양의 주요 도서들은 이러한 점감(漸減)작전*의 근거지가 되므로 일본은 기뢰 부설, 도서방어부대 등을 동원하여 기지로 활용할 수 있는 도서들의 방어력을 강화할 것이다.

일본은 미국 함대를 격파해야만 미일전쟁에서 승리할 수 있기 때문에 해군 작전을 지원하기 위해 육군 역시 적극적으로 활용할 것으로 판단된다. 일본은 미국 함대의 진격로 상에 있는 도서에 광범위한 방어력을 구축하여 미국 함대의 작전을 교란 및 지연시키려 할 것이며, 기회가 될 경우 미국 함대를 공격할 수 있는 기회를 창출하려 할 것이다. 그러나

---

* 전간기 미 해군을 대상으로 한 일본 해군의 작전개념으로서 미국 함대가 태평양을 횡단하여 이동하는 동안 도서기지에 매복해둔 전력으로 지속적인 공격을 가하여 미국의 주력함대를 약화시키는 것을 목표로 했다.

일본은 자신들이 활용할 모든 환초 묘박지에 방어전력을 배치하지는 못할 것이다. 일본은 방어시설의 설치가 용이한 화산섬 묘박지에는 중소함정을 위한 방어시설을 설치할 것이며, 함대의 주요 기지로 활용할 환초에는 지상군을 배치하고 기뢰를 부설하여 방어력을 강화할 것이다.

일본군은 공세적 상륙작전 및 함안이동에 많은 경험을 보유하고 있으며, 이제까지 이를 성공적으로 수행해 왔다. 그들은 상륙작전을 방어하는 데도 탁월한 능력을 발휘할 것인 바, 적대 행위 시작 전에 도서의 방어력을 강화하기 위한 충분한 시간을 가질 수 있을 것으로 예상된다. 일본군은 계획수립에 능통할 뿐 아니라 교활하고 수완이 있어 곧바로 방어작전에 돌입할 수 있다. 또한 일본은 전쟁구역 내 육상, 해상 및 공중 환경에 관한 정보를 면밀하게 파악하고 있다.

일반적으로 북유럽 인종이 동양인보다 더 높은 지능, 체력 및 지구력을 가지고 있다는 것이 우리의 이점으로 작용할 수 있다. 특히 미국인은 무기를 다루는 기술과 완력(腕力) 면에서 일본보다 뛰어나기에 전투 중 이러한 이점이 직접적으로 발휘될 수 있다. 일본 군인들은 통상 단시간 내에 사기가 절정에 도달하지만 그만큼 빠르게 사기가 저하된다는 특성이 있다. 또한 전투 중 쉽사리 흥분하는 경향이 있어 패색이 짙을 때 뿐 아니라 우세를 점하고 있을 때도 급속히 혼란에 빠지는 경우가 많다. 따라서 우리가 취해야 할 핵심 전술 중 하나는 병사 개개인의 '근성'을 고취시키는 것이다.

적 점유 도서의 확보

전략

바둑판과 같이 상호지원이 가능한 도서군이 산재하고 있는 해상의 작전구역에서 공격의 거점으로 활용할 도서를 점령하는 것은 현대 지상전에서 종심(縱深) 깊은 적 방어선을 공격하는 것과 유사하다. 그리고 특정 도서를 탈취하고 이를 기반으로 함대의 전력을 투사하는 것은 지상전에서 적의 저항거점을 공격하여 점령하는 것에 비할 수 있다. 탈취한 거점은 모든 방향에서 적의 집중 공격을 받게 되는 것이다. 이를 극복하기 위해서는 주변 도서에 주둔하고 있는 적에게 반격의 빌미를 주지 않거나, 좀 더 현실적으로 점령 도서에 충분한 방어시설을 설치하여 함대가 이를 기반으로 작전하면서 적이 공격하지 못하도록 하는 것이다.

전체 함대를 수용할 수 있을 정도의 넓은 묘박지는 대형 산호섬에만 존재한다. 반면, 화산섬 묘박지의 경우 육상에 적절한 기지시설을 설치한다면 중소함정을 위한 기지로 활용할 수 있다. 함대작전을 위한 가장 이상적인 상황은 전체 함대 정박이 가능한 대형 환초 묘박지와 중소함정의 기지로 활용할 화산섬 묘박지를 모두 확보하는 것이다.

마셜 제도를 제외한 대부분의 도서의 경우 주민 대부분이 화산섬에 거주하고 있다. 또한 화산섬에는 현지 행정기구가 위치하고 있으며, 현지무역의 주요 중심지이기도 하다. 자연히 적 방어기지 역시 화산섬에 위치할 가능성이 높다. 따라서 우리가 기지로 사용하든 사용하지 않든 간에 적의 방어기지가 위치하고 있는 도서는 상당한 전력을 투입하여 이를 점령하는 것이 필요하다.

위에서 서술한 내용을 기초로 하여 태평양 작전해역에서 적 도서의 확보작전은 다음과 같은 단계로 나누어 볼 수 있다.

(a) 1단계 : 마셜 제도 확보(가능 시 쿠사이에섬 및 포나페섬 점령 포함).
(b) 2단계 : 라모턱(Lamutrek) 군도를 포함하는 캐롤라인 제도 서부 확보(가능 시 야프섬의 점령 포함)
(c) 3단계 : 야프섬 및 펠류 제도를 포함하는 캐롤라인 제도 동부 확보

물론 점령해야 할 목표의 정확한 범위는 우리가 실제로 마주할 적의 저항 정도에 따라 결정될 것이다. 첫 번째 마셜 제도 확보 단계에서 아군은 먼저 화산섬인 쿠사이에(Kusaie)와 포나페(Ponape)를 점령하는 것이 바람직하나, 적이 강력히 저항할 경우 이의 점령을 별도의 단계로 분리하여 추진해야 할 수도 있을 것이다. 두 번째 단계에서는 야프섬을 점령하는 것이 반드시 필요한데, 야프 섬은 적이 기지로 활용할 것이라 예상되는 괌과 상대적으로 가까운 위치에 있기 때문이다.

전력의 경제적 운용과 작전의 효율성을 위해서 작전적 목표는 아래의 두 가지로 나눌 수 있다.

(a) 핵심목표 : 적이 기지로 운용하고 있거나 기지로 활용할 가능성이 있어 상륙작전 시 일정한 저항이 발생할 수 있는 도서
(b) 점거목표 : 적의 저항이 거의 없으며, 아군의 점령 목적이 단순한 정찰 및 관측 또는 적의 사용을 거부하는 데 있는 도서

핵심목표를 점령하는 데 우선적으로 병력과 장비를 할당해야 하며, 핵심목표를 점령하기 위한 상륙작전부대는 필요 시 언제, 어디서든 공격이 가능해야 한다. 그리고 점거목표를 대상으로 하는 부대는 구역을 할당하여 여러 도서에 순차적으로 상륙하여 수색을 진행해야 한다. 핵심목

표와 점거목표에 대한 작전은 동시에 진행될 필요는 없다.

전술

특정 섬이나 도서에 상륙작전을 감행할 경우, 여러 지점에서 동시에 상륙하거나 적을 기만하기 위한 양동작전을 병행하는 것이 필요하다. 양동부대의 상륙 지점은 주 상륙부대와의 신속하게 연결할 수 있는 곳으로 선정하는 것이 좋다. 이러한 동시상륙 및 상륙양동 전술을 통해 적을 혼란에 빠뜨리고 적의 저항을 분산시킬 수 있다.

앞서 살펴본 5개의 화산섬(쿠사이에, 포나페, 트루크, 야프 및 바벨다오브)의 경우 적은 천연적인 방어적 이점을 누릴 수 있는 바, 이러한 섬에 상륙할 경우 아군은 강력한 적의 저항에 직면하게 될 것이다. 일반적으로 적은 해안에서부터 축차적으로 아래와 같은 방어체계를 구축할 것이라 판단된다.

(a) 기뢰
(b) 해변상 대상륙장애물
(c) 해안 정찰초소 및 관측초소(탐조등 및 조명탄 비치)
(d) 다양한 화기를 갖춘 보병이 배치된 일련의 기관총 진지
(e) 후속 지원부대(역습 부대) : 보병부대, 기관총부대, 야전포병 등
(f) 지구 예비대 : 기관총부대, 야전포병 및 중포병
(g) 부대 예비대 : 방어부대의 모든 가용화기 및 병력 동원

화산섬과 달리 환초섬은 천연적인 방어적 이점을 보유하고 있진 않다. 그러나 초호(lagoon)를 둘러싸는 형태로 규칙적으로 방어거점을 설치하고 그곳에 기관총 진지와 야포를 배치한다면 상호지원이 가능한 방어체계를 구축할 수 있다. 각 거점의 방어는 화산섬의 방어계획과 유사하

게 구성될 것이나 일부지점은 협소한 면적에 다양한 방어체계를 집중배치하여 방어거점으로 삼을 수도 있다.

화산섬과 환초섬 모두 지원병력과 예비대의 이동에 어려움을 겪을 것이다. 화산섬은 정글로 인해 이동이 어렵고, 환초섬은 각 거점이 초호로 분리되어 있어 상호 간 통신 및 연락이 어렵기 때문이다. 이러한 이유로 인해 적은 대부분의 방어전력을 해변에 집중시킬 가능성이 높다. 따라서 아군은 상륙 직후 해안에서부터 저항에 직면하게 될 것이다. 반면에 아군의 전력을 한곳에 집중시킬 경우 상대적으로 적의 방어전력에 비해 전력 면에서 우위를 점할 가능성도 있다.

적의 저항을 벌이고 있는 해상과 해안에 상륙하기 위해서는 평소부터 고도의 훈련이 필요하며, 최단시간 내 상륙준비를 완료할 수 있어야 한다. 이러한 역할을 수행할 수 있는 부대가 바로 해병대이다. 부대의 사기가 아무리 높다 하더라도 일반 보병과 포병만으로는 상륙작전을 성공으로 이끌 수 없다. 상륙작전에는 해상과 해안에서, 그리고 정글에서도 작전을 펼칠 수 있는 인원이 필요하며, 이들은 상륙작전과 관련된 전문적 훈련을 받은 해병대이여야 한다.

산호섬에 상륙하기 위해서는 먼저 보초(堡礁, barrier reef)와 거초(裾礁, Fringing reef)를 돌파해야 하기 때문에 상륙작전은 해상상태가 양호할 때 섬의 바람이 불어가는 쪽에서 실시하는 것이 바람직하다. 상륙 초기단계에서 적의 모든 거점을 점령할 필요는 없으며, 초호로 통하는 수로의 안전을 보장할 수 있는 거점의 점령이면 충분하다. 일단 상륙군이 초호 안으로 진입하게 되면 적의 모든 방어 거점을 동시에 공격하여 적 방어부대 간에 상호지원이 불가능하도록 해야 한다. 이후 항해상 위험물과 적의 기뢰위협이 없다고 판단되고 초호의 수심과 면적이 충분할 경우 병력수송선을 초호 내부로 진입시켜 상륙군을 곧바로 하선시키는 것이 필요하다.

화산섬의 경우 산호초뿐 아니라 맹그로브(mangrove) 숲에 의해 생성된 검은 진흙지대가 상륙의 장애물이 될 수 있다. 괌의 경우 화산섬이긴 하나 해안에 맹그로브숲이 없어 상륙조건은 산호섬과 유사하다. 이를 극복하기 위한 최선의 방법은 만조 때 바람이 불어가는 쪽 해안으로 상륙하는 것이다. 거초가 다른 부분보다 낮고 맹그로브 나무가 없는 곳이 상륙에 최적의 위치이다. 만약 최적의 상륙해안이 보초 등으로 가로막혀 있어 상륙이 불가능할 경우에는 보초 상 통로 또는 수로를 개척하여 상륙해야 할 것이다. 상륙 해안을 결정할 때에는 해안의 지리적 특성 외에도, 수송선의 접근 가능성, 예상되는 적의 저항도 및 최종적인 육상목표와의 상대적 위치 역시 고려할 필요가 있다.

상륙작전의 성공 여부는 기습에 달려있다. 그리고 일반적으로 기습은 신속한 작전의 시행을 통해 달성된다. 수송 단계부터 "주정두보(boat head)"*를 완전히 확보할 때까지 작전이 지체되어서는 안된다. 구체적으로 수송선 대기구역에서 상륙해안으로 이동, 수송선에서 주정으로 병력 전재(轉載), 주정에서 해안으로 상륙, 해변에서 지상 목표로 전진 등의 단계가 중단없이 지속되어야 한다. 특히 주정의 예인, 상륙해안으로 돌격, 해안에 상륙한 부대가 공격을 준비하는 등의 과정에서 시간의 지체가 없도록 해야 한다. 특히 해안에 상륙한 다음 내륙으로 재빨리 공격을 개시하는 것이 매우 중요하다. 이러한 신속한 행동을 통해 적의 방어체계에 혼란을 가할 수 있으며, 적이 상륙군에 반격을 가하는 것을 어렵게 만들 수 있는 것이다.

상륙 시간의 선정 역시 작전 성공에 매우 중요한 요소이다. 수송선은

---

* 현대 상륙작전에서는 "해안두보(beach head)"라는 용어를 사용한다.
병력 및 장비, 물자의 계속적인 상륙을 보장하며 육상작전에 필요한 기동공간을 제공해주는 적 해안 상의 지정된 지역.

야음을 틈 타 상륙구역으로 이동하여 병력을 상륙시킬 준비를 해야 한다. 그리고 상륙군이 모든 화기를 최대한으로 활용하고 육상으로 진격을 위한 시간을 보장할 수 있도록 상륙돌격은 새벽에 감행할 필요가 있다. 야간 상륙돌격은 상륙 해안의 조건 및 적의 방어전력 규모에 대한 정확한 정보가 있는 경우에만 시행하는 것이 바람직하다. 그러나 상륙 전 사전준비를 위해 소규모 부대를 야간에 은밀히 상륙시키는 것은 문제가 되지 않는다. 이와 관련하여 상륙돌격 시 연막 사용 여부 또한 고려해야 한다. 통상 연막은 잘못 사용하면 공격 측의 정확한 화기 운용을 방해할 수 있기에 방어를 위한 목적으로 사용되는 경우가 많다. 연막을 사용 시에는 상륙군을 적의 공격으로부터 은폐하되, 아군의 공격을 방해하지 않도록 운용해야 한다. 상륙군을 보호할 수 있는 최선의 방법은 방어부대에 대한 가차없는 공격이기 때문이다. 따라서 적 방어부대에 대한 아군 함정 및 항공기의 공격에 방해가 되지 않도록 연막을 운용할 수 있다면, 상륙군이 수송선에서 주정으로 하선할 때 또는 상륙주정이 해변으로 이동할 때 연막을 사용하는 것은 적절한 전술이라 할 수 있다. 또한 연막전술을 펼칠 때는 바람 방향을 고려해야 하는데, 일반적으로 바람이 없거나 바다 쪽으로 바람이 불 때만 사용한다. 그러나 적 방어군이 상륙군을 관측하는 것을 방해하기 위한 목적일 경우 육지 쪽으로 바람이 불 때도 활용할 수 있다.

상륙작전 시 독가스(chemical gas)의 사용 여부는 상륙 후 아군의 행동을 방해하지 않도록 신중하게 결정해야 한다. 원칙적으로 독가스는 상륙구역 외부에 위치한 적 지원부대의 증원행동을 차단하기 위해 사용하는 것이 바람직하다.

해상수송부대에 대한 주 위협은 기뢰, 어뢰, 항공공격 및 포병공격 등을 들 수 있다. 일반적으로 태평양의 산호섬은 보초 및 거초 직전까지 수심이 깊기 때문에 기뢰의 위협은 적다고 할 수 있다. 그러나 보초가 상륙해야 할 산호섬에서 멀리 떨어져있는 경우에는 수송선단이 보초 사이의 수로를 통과하여 진입해야 할 수 도 있다. 이 경우에는 사전 기뢰 제거 활동 등을 통해 수로의 안전 확보가 선행되어야 한다. 또한 적의 어뢰 및 항공폭격의 피해를 최소화하기 위해서는 상륙군을 수송선에서 주정으로 얼마나 신속하게 전재하느냐에 달려있다. 수송선단의 피해를 최소화화기 위해서는 호위하는 구축함과 항공기를 활용하여 접근하는 적 어뢰정 및 항공기에 반격을 가하고 수중폭파대 등을 활용하여 사전에 적 기지를 파괴하는 등의 활동이 필요할 수 있다. 적 포병 공격의 경우 해상 전재구역이 적의 포병기지로부터 멀어질수록 공격받을 가능성은 줄어든다. 또한 수상함의 화력지원을 통해 어느 정도까지는 적 포병의 위협을 낮출 수 있을 것이다. 그러나 적 포병 위협이 상당하다고 판단될 경우에는 적 포병의 최대사거리 외곽에서 전재를 실시하는 것이 바람직하다.

상륙작전 시 첫 번째 육상 목표는 육상의 교두보(bridge head)와 같이 해안에서 육상으로 진출하는 통로가 되는 주정두보(boat head)이다. 주정두보를 확보하여야 최소한의 손실로 전체 부대를 상륙시킬 수 있으며, 적과 대등한 위치에서 싸울 수 있다. 주정두보의 이상적 형태는 해변이 육지 쪽으로 만입해 있고 양 측면이 높은 지대로 둘러싸여 있으며, 배후에는 적절한 높이의 고지가 있는 곳이다. 또한 적의 해군기지 및 병력 집결지와 같은 최종 육상 목표로의 접근이 용이한 위치여야 한다.

상륙작전을 준비할 때에는 아래의 사항들을 면밀히 검토하고 세부적인 계획을 수립해야 한다.

(a) 사전정찰 : 사전정찰은 항공기를 이용하는 것이 가장 효과적이며, 이 과정에서 적이 아군의 상륙을 예측할 수 없도록 은밀하게 실시해야 한다.

(b) 상륙목표 선정 : 상륙예상지역의 지형조건을 고려하여 해상에서 접

근하는 주정에서도 육안으로 명확하게 식별할 수 있는 "주정두보"를 선정한다.

(c) 상륙해안 설정 및 구분 : 아군이 해상에서도 식별할 수 있도록 해안 및 내륙의 저명한 지표(landmark)를 활용하여 상륙해안의 경계를 설정한다. 이 지표들은 해변으로 접근하는 주정뿐 아니라 육상으로 진격하는 상륙군의 길잡이 역할을 한다. 상륙돌격 중 주정들이 방향을 잃거나 지정된 해변이 아닌 다른 해변에 도착하는 일이 빈번히 발생하기 때문에 명확한 구역의 할당이 매우 중요하다. 상륙군은 도착하는 해변에서 전투를 개시해야 하며, 상륙의 초기 단계에서 특정부대를 다른 해변으로 이동시키는 것은 지양해야 한다. 이후 후속상륙 시 각 해변의 전투 및 진격 상황을 고려하여 후속 제대를 어디로 투입할 것인가를 결정하는 것이 좋다.

(d) 하선계획 : 가능한 신속하게 하선계획을 수립 후 상륙군에게 공지해야 한다. 주정별 인원탑승계획 및 주정 견인 순서 등을 계획할 때는 상륙 즉시 부대가 응집력을 가지고 전투력을 발휘할 수 있도록 신중을 기해야 한다.

(e) 주파 대형 : 주파의 대형을 편성할 때는 적의 공격에 노출되는 것을 최소화하고 질서정연하게 부대를 해변에 전개시킬 수 있도록 해야 한다. 일반적인 주정 진형은 아래와 같으며, 상황에 따라 적절히 수정이 가능하다.

a. 제1파 : 제1파는 두 개의 견인 대형으로 구성된다. 한척의 동력선이 견인하는 보트는 3척 이하로 하고, 각 보트 간 거리는 25야드를 유지한다. 동력선 간 거리는 100야드이며, 각 대형 간 간격은 최소한 50야드 이상을 유지한다.

b. 제2파 및 후속파 : 일반적인 대형 구성은 제1파와 같으며, 각 파 간 간격은 300야드 이상을 유지한다. 제1파의 상륙 진행상황에 따라 제2파 및 후속파의 구성에 변동이 있을 수 있다.

(f) 상륙 후 부대 대형 : 적의 화력 공세 및 역습부대의 활동, 해안 배후

에 형성된 수풀 등을 고려할 때, 상륙군은 신속하게 주정에서 하선하여 엄폐 대형을 형성해야 한다. 이후 후속 제대 병력이 추가적으로 도착하게 되면 육상목표를 점령하기 위한 행동을 개시한다.

(g) 상륙부대 및 화기부대 편성 : 상륙군에는 기관총부대, 야전포병부대, 공병부대 및 통신부대를 포함시켜야 한다. 특히 주정에서 하선하기 직전 해변의 적을 소탕하고 하선 후 적의 기관총 진지를 무력화하기 위해서는 주정을 견인하는 동력선에 37mm 포 및 기관총을 탑재해야 한다. 또한 공병은 상륙 시 장애물 개척을 위해 철조망 절단기, 정글 나이프, 폭약 등을 갖추어야 한다.

(h) 항공지원 : 상륙작전 시 항공지원에는 사전 상륙구역 정찰, 상륙작전 중 적 항공기 탐색 및 요격 등이 있다. 특히 상륙 초기단계에서 항공기를 활용하여 적의 반격부대 및 기관총 진지를 관측하고 공격하는 것은 작전성공의 핵심적 요소가 된다.

(i) 해상지원 : 해상지원 함정은 가능한 한 상륙구역의 측방에 위치하여 해변에 배치된 적 방어부대를 무력화하기 위한 화력지원을 제공하고 상륙군이 안전하게 해변에 도착할 수 있도록 측방을 보호하는 역할을 수행한다. 함정이 공격해야 할 핵심목표(반격부대, 기관총 진지, 해안포대, 장애물 등)를 별도로 지정하고 가능한 육상 화력지원구역을 사전에 설정하여 화력지원 간 아군의 피해가 없도록 해야 한다. 이를 위에 전체 상륙작전구역 요도에 화력지원구역, 특별 공격목표 등을 명시하여 사전에 전파하는 것이 좋다.

(j) 통신 : 상륙작전의 성공을 위해서는 완벽하고 세부적인 통신계획이 필요하다. 제1파가 상륙하는 즉시 해변 통신반을 설치하여 신호탄 및 수기, 무선통신 등을 이용하여 해상부대와 연락을 취해야 하며, 상륙 가능한 해안에 표시를 해야 한다. 이러한 조치는 화력지원 함정 및 근접지원 항공기가 최대의 능력을 발휘할 수 있도록 즉시 이루어져야 한다. 상륙을 완료한 부대 사이의 상호 통신은 육상 전화가 가설되기 전까지는 주로 신호탄과 전령에 의해 이루어질 것이다.

(k) 기타 사항 : 해변에 포로 수용시설을 설치해야 하며, 포로들은 심문을 마치면 즉시 해상의 선박으로 이송해야 한다. 용도에 따라 해변을 구분해야 하고, 특히 예비대와 특수부대, 그리고 보급물자의 상륙구역은 대형 플래카드 또는 깃발 등으로 명확히 표시해야 한다.

육상지역 점령

적의 지역을 점령할 경우 상륙군은 즉시 다음 조치를 취해야 한다.

(a) 모든 적 군인과 군속, 그리고 적에 협조하는 원주민을 구금, 격리한다.
(b) 적의 기지 시설을 점령하거나 파괴한다. 이때 적의 은폐된 연료 저장고에 주의를 기울어야 한다.(모든 섬들을 철저히 조사하지 않을 경우 적은 원주민 보트 등을 이용하여 비밀리에 연료 등을 운반할 가능성이 있다.)
(c) 원주민의 해상 수송수단(카누, 보트 등)을 징발하고 원주민들을 동원하여 이를 운용한다.
(d) 지역의 치안을 유지하기 위해 군사경찰조직을 운영한다.
(e) 원주민들에게 상륙군의 해당지역 점령을 선포하고 상황을 설명한다.

점령한 섬 또는 도서를 해군기지로 활용할 경우에는, 고정 육상방어체계의 설치 및 기동 육상방어체계의 배치를 곧바로 시작해야 한다. 그러나 적이 특정 도서를 사용하지 못하게 할 목적이라면 도서의 모든 부속 섬을 점령하고 병력을 배치할 필요는 없다. 예를 들어 대형 묘박지, 교역소 또는 행정청이 소재한 핵심적인 섬에 대부분의 방어전력을 배치하고, 나머지 군소 섬들에는 소규모 전력만 배치하거나 순찰대가 정기적으로 순찰을 하면 될 것이다. 이런 부속 섬들은 함대기지의 전초기지라

할 수 있는데, 여기에 배치된 소규모 방어전력은 적이 해당 섬을 활용하는 것을 거부하는 것 외에도 적 함대의 움직임을 관찰하고 보고하는 역할 또한 수행하게 된다.

필요한 도서의 점령이 완료되면 상륙군은 아래와 같은 후속 임무를 수행해야 한다.

(a) 항공기 비행장 및 수상기의 이착수해역을 설정하고 운용을 위한 준비를 한다.
(b) 육상 통신센터를 마련한다. 송신탑 및 감시소를 세우고 무선통신설비를 설치한다.
(c) 섬 간 순찰과 물자공급에 필요한 원주민의 해상 수송수단을 징발하고 이를 운용할 원주민을 동원한다.
(d) (a)와 (b)에 명시된 시설과 징발한 해상 수송수단의 접안장소, 그리고 가능한 한 섬의 거주 지역의 상당 부분을 둘러싸거나 포함할 수 있는 울타리 및 진지를 건설한다. 진지를 건설할 때는 탄약, 음식, 물, 연료 및 기타 소모품을 저장할 수 있는 충분한 공간과 기관총진지와 포병진지 등을 설치할 수 있는 공간을 확보해야 한다.(전술적 필요에 따라 기관총, 포병진지를 진지 외곽에 설치할 수도 있다.)

기지 확보에 필요한 전력

이 절에서는 해상 목표를 점령하는 데 어느 정도의 전력이 필요한지 구체적인 사례를 들어 살펴보도록 한다. 적이 마셜 제도를 점령하고 있고 해군과 항공기의 지원을 받고 있다고 가정해 보자. 적은 워체(Wotje) 환초를 주 기지로, 에니웨톡과 잴루잇을 보조기지로 지정하고 상당한 방어병력을 배치하고 있다. 또한 적은 마셜 제도의 다른 환초에도 병력을 배치하고 방어기뢰를 부설하는 등 일정한 수준의 방어력을 유지하고 있다. 아군 함대가 이 환초들을 통과하거나 묘박지로 활용하기 위해서는 상륙작전 또는 소탕작전을 실시해야 한다.

다시 말해서 적은 아군 함대의 진격을 지연시킬 수 있는 충분한 전력을 마셜 제도 내 배치하고 있으며, 아군이 이를 점령하기 위해서는 상당한 시간과 노력이 소요될 것이다.

(a) 주임무 : 작전구역으로 진입하는 함대에 대한 적의 위협을 최소화하고 차기 작전단계 수행에 필요한 최적의 기지를 점령한다.

(b) 부임무

a. 적이 점령하고 있는 다른 기지를 확보한다.

b. 적이 아군의 사용을 거부하기 위해 점거하고 있는 임시기지 및 전초기지를 확보한다.

c. 적이 활용할 가능성이 있는 환초 묘박지를 점거, 통제한다.

주임무를 달성했다면 아군부대를 부임무로 전환할 수 있다. 그러나 적은 가용 전력을 총동원하여 아군함대에 대한 지속적인 소모공격을 가할 것이 분명하기 때문에, 모든 임시기지 및 묘박지를 점령하는 데 함대 전력을 축차적으로 투입하는 것은 바람직하지 않다. 따라서 아 측은 작전 시작과 동시에 상륙군 및 보조함대를 이용하여 적의 기지들을 일제히 공격하여 적군의 이점을 상쇄시킴과 동시에 적이 아군 함대의 이동경로를 파악할 수 없도록 해야 한다. 구체적으로 아 측은 장차 함대기지로 활용할 도서, 적이 주기지 및 임시기지로 활용 중인 도서에 대하여 동시에 작전을 개시해야 할 것이다.

마셜 제도에 속한 도서들의 지리적 형세와 군사적 필요성을 고려하였을 때, 아 측의 핵심목표와 점거목표는 아래와 같이 설정이 가능하다.

전략적 목표 : 마셜 제도

(a) 핵심목표 도서

a. 에니웨톡 – 우젤랑(Ujelang) 환초

b. 워체 환초

c. 잴루잇 환초

(b) 점거목표 도서

a. 밀리 환초(Mille) – 아르노(Arhno) 환초 – 마주로(Majuro) 환초 – 아우르(Aurh) 환초 – 말로에라프(Maloelab) 환초

b. 리키엡(Likieb) 환초 – 메짓(Mejit) 환초 – 타카(Taka) 환초 – 우티리크(Utirik) 환초 – 바이커(Bikor) 환초 – 타옹기(Taongi) 환초 – 봉케리크(Bongerik) 환초 – 롱겔라프(Rongelab) 환초 – 아일링기나에(Ailinginae) 환초 – 비키니(Bikini) 환초

c. 엘모레(Elmore) 환초 – 나무(Namu) 환초 – 콰절린(Kwajelin) 환초– 우예(Ujae) 환초 – 워토(Wottho) 환초

환초에 대한 상륙작전 시 상륙군은 전략적 요구 및 전술적 상황을 고려하여 아래에 제시된 점령 수준 중 한 가지를 선택하게 될 것이다.

(a) 적의 사용 거부 : 적이 해당 도서를 활용하지 못하도록 상륙지점 및 묘박지를 통제할 수 있는 정도의 육상구역을 점령한다.

(b) 아군의 사용 보장 : 아군 함대가 묘박지와 진입수로를 안전하게 활용하는 데 필요한 수준의 육상구역을 점령한다.

(c) 완전 점령 : 아군 부대가 해당 환초를 아무런 제약 없이 활용할 수 있도록 도서를 완전히 점령한다.

만약 상륙부대의 전력이 제한될 경우에는 우선 적의 사용을 거부할 수 있는 수준만 점령 후 이후 아군의 사용 보장, 완전 점령의 순으로 순차적으로 작전을 확대할 수도 있다. 상황에 따라서는 적이 아 측을 공격

치 못하도록 견제만 하는 것도 가능하다. 그러나 어떠한 점령 수준을 선택하더라도 상륙이 개시되면 도서 전체를 통제할 수 있는 위치를 신속하게 확보하는 것이 중요하다. 그 중에서도 육상으로 진격할 수 있는 주요 해안두보를 얼마나 신속하게 확보하느냐가 작전 성공의 관건이 된다. 상륙작전의 성공여부는 해안에서 결정될 것이다.

앞서 제시한 목표를 확보하는 데 요구되는 최소 전력 수준은 아래와 같다.

(a) 핵심목표 1 : 아군이 함대기지로 활용할 에니웨톡 환초를 공격하여 완전히 점령할 수 있는 전력
(b) 핵심목표 2, 3 : 워체, 잴루잇 환초의 진입수로 및 묘박지를 아군이 활용할 수 있도록 필요한 육상구역에 상륙, 이를 점령할 수 있는 전력
(c) 점거목표 1, 2, 3 : 군사적 중요성이 있는 환초의 진입수로 및 묘박지를 적군이 사용하지 못하도록 통제할 수 있는 전력(점거목표 중 어떤 환초를 우선적으로 점거 및 통제할지는 당시의 군사적 중요도에 따라 결정)

환초 점령작전 시 효과적으로 부대를 지휘하고 장비를 적절히 운용하기 위해서는 평시 행정적 통제를 위해 설정된 복잡한 지휘체계를 따르기보다는 임무에 따른 임시편조를 따르는 것이 더욱 적절할 수 있다. 또한 탑재단계에서부터 수송선에 병력과 장비를 함께 탑재하여 해당 제대가 환초에 상륙 후 곧바로 임무를 수행할 수 있게 하는 것이 중요하다. 이를 통해 해상에서 환초 점령 및 통제부대를 급히 편성하는 데 필요한 시간과 노력의 낭비를 최소화할 수 있기 때문이다. 그러나 평시부터 상륙군용 부대편제를 유지할 필요는 없다. 중대를 초과한 규모의 상륙군 부대를 평시편제에 반영하여 유지하는 것은 교육훈련 및 관리 면에서 비효율적이다. 따라서 전시나 위기가 발생하게 되면 그 필요성에 따라 적절한 규모의 상륙작전 또는 환초 점령부대를 편조하는 것이 바람직하다.

연대상륙단 편성(안)
- 본부중대(선견대 및 4개 통신소대 포함) : 장교 및 사병 125명
- 지원중대(주정운용요원 포함) : 장교 및 사병 125명
- 화기중대(37미리 대전차포 12문, 75미리포 8문) : 장교 및 사병 125명
- 기관총중대(기관총 30정) : 장교 및 사병 125명
- 3개 소총대대(대대별 최소 500명 이상) : 장교 및 사병 1,500명
- 총 병력 : 장교 및 사병 2,000명

앞서 제시한 마셜 제도의 핵심목표 및 부가목표를 점령 및 통제하기 위해서는 아래와 같은 전력이 요구된다.

(a) 핵심목표 확보 전력
a. 에니웨톡 : 2개 연대상륙단
b. 워체 : 2개 연대상륙단
c. 잴루잇 : 1개 연대상륙단
(b) 점거목표 확보 전력
a. 밀리 등 : 1개 연대상륙단
b. 리키엡(Likieb) 등 : 1개 연대상륙단
c. 엘모레 등 : 1개 연대상륙단
(c) 해상 예비대 : 1개 연대상륙단
총 9개 연대상륙단(장교 및 사병 18,000명)

부대편성
- 1여단(3개 연대상륙단) : 워체 - 밀레 환초 구역
- 2여단(3개 연대상륙단) : 에니웨톡 - 리키엡 환초 구역
- 3여단(2개 연대상륙단) : 잴루잇 - 엘모레 환초 구역
- 예비전력 : 전진지지방어부대 및 1개 연대상륙단

예상되는 적의 반격

앞서 언급했듯이 적은 아 측이 점령한 도서를 공격하기 위해 작전구역 내에 다수의 함대전력을 배치하여 운용할 가능성이 높다. 그러나 적은 전투순양함 이상의 주력함은 함대결전을 위해 보존하거나 아군의 수송선단을 공격하는 데 활용할 것이다. 현실적으로 적은 최신 주력함보다는 12인치 이상 함포를 탑재한 구식함정을 도서공격용으로 활용할 가능성이 높다. 아 측이 점령할 태평양의 도서군은 여러 환초가 가까운 거리에 산재해 있기 때문에 적은 크기가 작고 속력이 낮은 보조함정을 이용하여 손쉽게 공격이 가능하다. 이러한 조건을 고려할 때 아 측이 점령하고 있는 도서에 대한 적의 공격은 하룻밤 안에 매우 기민하고 신속하게 이루어질 것이다. 예상되는 적의 공격양상은 아래와 같이 나누어 볼 수 있다.

(a) 함정을 이용한 육상포격
(b) 구축함, 잠수함 및 항공기를 이용한 어뢰공격
(c) 중소형 함정을 활용한 해상 봉쇄
(d) 항공폭격 및 기총공격
(e) 특수부대를 활용한 기습공격

적은 아 측 함대의 작전능력을 직·간접적으로 약화시키기 위해 함대 전투함정뿐 아니라 군수지원선단, 육상 유류저장고, 항공기 격납고, 통신시설, 보급창고, 수리시설 및 육상방어시설에 대해 다양한 방식으로 공격을 시도할 것이다. 적의 공격으로 인해 아군 주력함대가 군수지원선단의 방호, 정찰 및 기뢰 소해 등에 불필요한 시간과 노력을 낭비하게 된다면 적의 입장에서는 주력함대를 물리적으로 파괴하는 것보다 더욱 큰 효과를 거둘 수 있는 것이다.

적의 공격양상을 구체적으로 살펴보기 이전에 적이 공격에 투입할 수 있는 전력의 특성 및 운용전술을 살펴보는 것이 필요하다.

① 육상포격 함정

일반적으로 육상포격 함정은 18,000야드 이상의 사거리를 가진 함포를 탑재한 함정을 말한다. 이 함정은 육상목표 직접 공격, 특공대 상륙기습 지원 및 해상봉쇄 등의 임무에 탁월한 능력을 발휘할 수 있다. 직접 포격은 포격함정이 공격목표와 가까이에 위치해 있고 탄착(彈着)을 수정할 충분한 시간적 여유가 있을 때 효과적이다. 또한 포격 참조점으로 활용할 육상지형지물에 익숙한 인원의 지원을 받을 경우 공격의 효과를 배가시킬 수 있다. 적 함정이 주변 해역의 수로정보에 익숙하다면 주로 야간에 포격을 시도할 것이며, 통상 잠수함이 포격함정과 함께 활동하면서 지원을 제공할 것이다.

② 기뢰부설함

적은 구축함 또는 잠수함을 개조하여 기뢰부설에 필요한 설비를 장착한 후 기뢰부설용으로 활용할 것이다. 여기에 더하여 배수량 350톤, 속력은 12노트 전후로서 기뢰 120기를 20분 내에 부설할 수 있는 정규 기뢰부설함을 활용할 수도 있다.

태평양의 산호섬의 경우 환초 외곽은 수심이 급격하게 깊어지기 때문에 기뢰부설에는 적합하지 않다. 따라서 적이 기뢰를 부설할 수 있는 구역은 환초 주변 및 진입수로로 제한될 것이다. 그러나 태평양 일대는 조류가 강하고 일반적으로 조류가 동쪽으로 흐르기 때문에 동쪽에서 서쪽으로 전진하는 아군 함대에게는 위협이 될 수 있다.

적은 기뢰의 사용에 제한을 두지 않을 것이며, 다량의 부유기뢰와 계류기뢰를 활용할 것이라 예상된다. 아군에게 가장 위협이 될 수 있는 적의 기뢰 운용양상은 환초 외곽에서 부유기뢰를 부설 후 이 기뢰가 동쪽으로 흐르는 조류를 따라 함대 묘박지로 흘러들어가게 하는 방안, 환초 진입수로 및 묘박지에 직접 계류기뢰를 부설하는 방안 등이다. 계류기뢰를 부설할 경우에는 탄두의 활성화 시점을 다르게 설정하여 아 측의 소해작전에 어려움을 가중시키려 할 것이다. 정규 기뢰부설함을 활용한 기뢰부설은 은밀성을 확보하기 위해 대부분 야간에 이루어질 것이다.

③ 구축함

통상 구축함은 배수량 1,300톤 전후, 최대속력 40노트 이상, 5인치 이상 주포 및 어뢰발사관 12문 이상을 장착하고 있으며, 기뢰부설작전에 투입될 경우 75발 이상의 기뢰를 적재할 수 있는 능력을 갖추고 있다.

기뢰부설작전을 실시할 수 있는 조건이 갖춰질 경우 적은 다수의 구식 구축함을 기뢰부설함으로 개조하여 활용할 가능성이 있다. 구축함의 경우 함포 사거리가 상대적으로 짧기 때문에 전진기지의 육상통신시설 등을 제외하고는 함포공격의 효과를 거두기 어렵다. 그러나 적이 구축함을 활용하여 묘박지에 정박하고 있는 선박에 대해 야간 어뢰공격을 가할 경우 아군에 상당한 위협이 될 수 있다. 야간 어뢰공격 시 적 구축함은 환초 외곽에서 진입수로 내부로 어뢰를 발사하거나 해수면이 높아짐에 따라 보초가 물에 잠겨서 어뢰가 보초를 통과할 수 있는 만조시간을 기다려 어뢰를 발사할 가능성이 높다.

④ 잠수함

적이 보유한 잠수함의 제원은 배수량 1,800톤 이상, 부상 시 속력 18노트 이상, 잠항 시 속력 1.5노트 ~ 10노트, 최대잠항시간 60시간 이상이다. 무장의 경우 최대 사거리가 14,000야드 이상으로 대공사격이 가능한 6인치 이상의 함포를 장비하고 어뢰 발사관 8문을 갖추고 있으며, 최대 30발의 어뢰를 적재할 수 있다. 적의 잠수함은 주간 또는 야간에 아래와 같은 방식으로 공격을 가할 것이다.

(a) 장거리 함포사격(14,000야드 이상) : 직접사격 또는 간접사격
(b) 함포 및 어뢰를 이용한 근접공격(특히 어뢰는 함포사격을 피하기 위해 도주하는 함정공격에 유용함)
(c) 함대 묘박지 및 진입수로에 기뢰부설

잠수함은 가장 위협적인 공격수단이 될 수 있으나, 현재 미국 해병대 내에는 잠수함의 위협에 관해 알려진 바가 거의 없으므로 그 능력 및 공격양상에 대해 상세히 알아볼 필요가 있다.

잠수함은 목표물을 정찰 및 감시하고 연료를 절약하기 위해 부상하여 작전하는 것을 선호한다. 잠수함이 주간에 이동 중일 때는 상갑판의 일부만 수면상으로 드러나며, 6~8노트의 속력으로 천천히 이동할 것이다. 부상항해 중 잠수함은 30~40초 내에 잠항이 가능하다. 해안선을 육안으로 확인할 수 있을 정도로 육지에 가깝거나 적의 순찰함정이 주변에 있을 경우 잠수함은 잠항상태를 유지한다. 잠항 중에는 잠망경을 주기적으로 활용하여 상대방의 동태를 살피게 된다.

잠수함은 잠함하여 항해하기 위해서는 축전지(蓄電池)에 의지해야 하므로 기회가 될 때마다 축전지를 충전하려 할 것이다. 잠수함은 잠항 경비를 마치거나 주간 작전활동을 마치고 나면 야간에는 부상하여 축전지 충전을 시도한다. 잠수함이 축전지를 충전하기 위해서는 계속 기관을 작동해야 하기 때문에 적이 있는 위치에서 멀어지는 방향으로 향하면서 충전을 시도할 것이다. 잠수함이 어뢰를 이용하여 수상함정을 공격할 경우

어뢰발사정보를 획득하기 위해 잠시 잠망경을 올려서 표적을 관찰해야 하며, 어뢰를 발사하는 순간에는 잠망경을 올린 상태로 유지해야 한다. 어뢰가 발사된 직후에는 적에게 노출되지 않기 위해 대각도로 변침하여 어뢰 발사위치로부터 멀어지도록 기동한다.

잠수함이 함포를 이용하여 공격할 경우에는 통상 원거리 사격을 실시하나, 해상상태가 양호할 경우에는 목표물까지 잠항하여 접근한 다음 근접공격을 가할 수도 있다. 기뢰부설 시에는 잠항하여 목표위치까지 접근 한 후 잠망경심도까지 부상하여 잠망경을 통해 부설위치를 최종적으로 확인하고, 재차 잠항하여 기뢰를 부설할 것이다.

부상한 잠수함은 때때로 다른 유형의 선박으로 오인될 수 있다. 잠항하고 있는 잠수함은 물결이나 선체에서 유출된 기름띠 등으로 식별이 가능하다. 수상함으로부터 공격을 받을 경우 잠수함은 수심이 200피트 이하이고 저질이 단단한 해저에 착저(着底)하여 공격을 회피하려 할 것이다.

상륙작전 전구만 놓고 볼 때, 해역의 수심이 깊고 잠수함이 해당 해역의 수로정보에 익숙할 경우 작전이 용이할 것이지만, 접근로의 해저면이 착저에 불리하거나 수심이 너무 낮은 경우, 그리고 조류가 강할 경우에는 작전에 제한을 받을 수 있다. 이러한 불리한 조건 하에서 야간에 작전할 경우 잠수함은 잠망경을 자유롭게 사용하기 어려울 것이며, 발각될 경우에도 도주하기가 쉽지 않을 것이다.

⑤ 항공기

항공기는 가장 최근에 개발된 무기체계이기에 항공기를 이용한 공격의 특징과 그 양상을 예측하는 것은 다소 제한적이다. 그러나 상륙작전의 측면에서 폭격기의 공격은 특별히 주의를 기울일 필요가 있다. 폭격기는 속력은 시간당 최대 100마일로 기지를 중심으로 약 200마일, 최대

7시간까지 작전할 수 있다. 폭격기의 승무원은 5명 내외이고, 2,000 파운드의 폭탄을 적재할 수 있으며, 좁은 사각(dead angels)을 제외하고 전방향으로 사격할 수 있는 대구경 기관총을 6문 장비하고 있다.

또한 폭격기 외에도 수상함에 어뢰를 발사하거나 수상함, 해안 시설 및 지상군 병력을 직접 공격할 수 있는 폭탄 또는 대형 기관총을 장비한 항공기 역시 개발될 것이다. 한편 적이 비행선(dirigible)을 이용하여 아군을 공격할 가능성도 있지만 그 위력은 폭격기 위력에 미치지 못할 것이다.

폭격기의 공격 전술을 살펴보면, 폭격기의 공격 성공여부는 바람의 영향을 많이 받는다. 폭격기는 주로 주간이나 달빛과 별빛이 있는 야간에 공격을 감행할 것이다. 주간 공격 시 통상 고도는 약 15,000피트이며, 야간 공격 시에는 5,000피트에서 6,000피트를 유지한다. 야간 공격 시 폭격기는 몇 분 간격으로 순차적으로 기지에서 출격하여 단독으로 목표물을 공격한다. 반면 주간에는 통상 7기에서 9기의 폭격기가 대형을 이루어 동시에 공격을 가한다. 폭격기는 일렬로 늘어선 목표물을 공격하기 쉽기 때문에 공격대형은 세로로 길게 늘어진 형태를 취할 것이다. 폭격기는 다른 항공기의 대응공격을 회피하기에 용이한 야간에 주로 공격을 감행할 가능성이 높다.

모든 항공기는 공격 중 기회가 된다면 병력 및 시설에 대해 기총공격을 가할 수 있다. 이러한 기총공격은 공격에 적합한 표적이 있고 공격의 기회가 있다면 언제든지 이루어질 것이다.

태평양의 도서 해역은 기상이 좋지 않고 구름이 끼는 경우가 많기 때문에 항공기가 작전하기에는 그리 좋은 환경은 아니다. 그러나 비행 측표(mark)로 활용할 수 있는 섬과 산호초가 산재하고 있고, 환초의 내부섬이 그리 크지 않기에 공격목표를 명확하게 식별할 수 있다는 점은 항공기를 이용한 공격에 큰 이점으로 작용한다.

⑥ 봉쇄 선박

선박을 수로 상에 침몰시켜 환초 진입수로를 봉쇄하는 것은 어떠한 선박으로도 가능하다. 각종 보조함정이 침몰대상선박을 해당위치까지 호위하며, 선박 자침(自沈) 시에는 해안시설을 파괴할 기습특공부대가 동시에 작전을 펼칠 될 것이다. 이러한 자침 공격은 방어부대에 근접하여 이루어지기 때문에 주로 야간에 이루어질 것이며, 주간에 실시할 경우에는 안개가 짙게 낀 날 또는 연막을 살포한 상태에서 이루어질 것이다.

진입수로의 폭이 좁고 수심이 낮으며, 수로가 직선이 아닌 굴곡진 형태일수록 위의 방식을 적용한 묘박지의 해상봉쇄가 용이해진다. 그러나 조류가 강하고 그 방향을 예측하기 어렵거나 시정이 불량하여 정확한 자침 봉쇄위치를 결정하기 어려운 경우에는 해상봉쇄가 어려울 수 있다.

⑦ 육상 기습특공부대

육상기습특공부대는 폭약을 휴대한 특별히 선발된 병사들로 구성되며, 통신소 등과 같은 핵심기지시설이나 고정 방어기지를 파괴하는 임무를 수행한다. 강한 위력을 가진 폭약이 개발됨에 따라 적군은 이러한 기습작전을 빠른 속도로 수행할 수 있을 것이다.

육상기습은 대부분 야간에 이루어질 것이며, 다른 공격과 병행하여 시행될 수도 있다. 은밀한 공격을 하기 위해서는 육상 기습특공부대는 보초로부터 묘박지까지 이어지는 진입수로를 통과하여 해안까지 이동할 수 있어야 하며, 또한 공격목표가 해안으로부터 멀리 떨어져 있을 경우에는 상륙 후에도 상당한 거리를 이동해야 한다. 산호초로 둘러싸인 도서의 경우 묘박지 및 해안이 대부분 진입수로에서 상당히 떨어져 있기에 상륙을 감행하기가 쉽지 않다. 그러나 일단 은밀상륙에 성공하게 되면 육상시설은 대부분 해안과 가깝운 곳에 위치할 것이기 때문에 파괴가 어렵지 않을 것이다.

전진기지방어의 일반 원칙

전진기지 방어를 위한 기본원칙은 상설기지의 방어원칙과 대부분 유사하지만, 배치 가능한 방어병력의 수준은 다를 수밖에 없다. 그러나 전진기지는 인근에 위치한 함대전력의 보호를 받을 수 있기 때문에 전력의 상대적 부족을 상쇄할 수 있다. 예를 들어, 아군의 우세한 함대가 전진기지 근해에서 작전하고 있을 경우 적 수상함정이 전진기지에 포격을 가하거나 항만에 침투하여 공격하는 등의 시도는 불가능할 것이다. 아측은 치고 빠지는 식의 기습공격을 가하는 적의 부대만 상대하면 충분할 것이다.

(a) 전진기지 방어 시 해상 및 항공부대는 적 함정 및 항공기 공격이라는 본연의 임무를 최대한 수행하도록 한다.
(b) 전진기지 방어의 기본 목표는 적이 기지의 핵심시설(묘박지, 항만 시설 등)을 공격하지 못하도록 하는 것이 되어야 하며, 전 전력의 파괴가 목표가 되어서는 안된다. 전진기지 방어작전 시 요구되는 방어능력은 적이 공격 시 감당할 수 없는 피해를 입혀 이를 포기하게 하는 것임을 명심해야 한다.
(c) 훈련 및 보급체계를 단순화하고 기동성을 유지하기 위해 전진기지를 방어하는 육군, 해군 및 해병대의 장비를 최대한 경량화해야 한다. 이를 통해 방어가 필요한 위치로 신속하게 이동할 수 있으며, 방어 병력을 융통성있게 활용할 수 있다.
(d) 전진기지의 방어수준은 현재 보유하고 있거나 적대 행위의 발발 시 보유하고 있을 것이라 예상되는 가용자원을 바탕으로 현실적으로 판단해야 한다.

고정 방어전력

과거 역사적 사례를 살펴볼 때 해상 및 항공공격에 대응할 수 있는 최상의 방어력을 확보하기 위해서는 양호한 관측능력, 신속한 통신능력 및 빠르고 정확한 대응사격능력을 갖추어야 한다는 사실이 증명되었다. 고정 방어전력을 구성하고 배치할 때는 특히 이 세 가지 요소를 고려할 필요가 있다.

① 감시 및 관측체계

기지를 공격하기 위해 접근하는 수상함, 잠수함 및 항공기는 시각(視覺) 또는 청음(聽音)등을 통해 감시가 가능하다. 그러나 현대의 공격수단들은 빠른 속도로 목표로 접근할 뿐 아니라 야음을 틈타거나 연막을 펼치면서 공격하기 때문에 시각을 이용한 탐지가 쉽지 않다. 또한 구름이 많이 끼거나 기상이 불량하다면 더욱 시각 감시가 어려워진다. 따라서 접근하는 적군 세력이 발생시키는 소음을 감지하여 사전에 원거리에서 탐지할 수 있는 음향관측능력이 기지방어에 매우 중요한 요소가 되고 있다.*

따라서 기지 고정방어체계를 구축할 때는 시각관측시설뿐 아니라 "음향" 관측시설 역시 포함하여 완전한 감시체계를 구축해야 한다. 구체적으로 삼각대형 수중음향탐지기(seaphone), 포물선형 대공청음 방향지시기(aircraft sound locators) 및 전파 방향지기시 등과 같은 음향감시체계의 유용성을 검토하여 가장 적합한 체계를 방어시설용으로 설치하고, 이를 능숙하게 다룰 수 있는 숙련된 인력을 배치해야 한다.

시각관측체계의 효율성을 높일 수 있는 가장 좋은 방법은 시각관측

---

* 당시에는 전파를 이용하여 원거리에서 적을 탐지하는 레이더 기술이 없었다는 사실을 고려할 필요가 있다.

요원의 숙련도를 향상시키는 것이다. 지금까지는 시각관측요원의 훈련의 중요성이 간과되어 왔으나 이제부터라도 그 중요성을 인식하고 실천해야 한다. 탐조등 및 조명탄의 특성을 고려하여 최적의 관측위치를 선정할 수 있고, 쌍안경 등 시각관측기구를 정확하게, 과도한 눈의 피로 없이 사용할 수 있어야만 숙련된 시각관측요원이라 할 수 있다. 또한 시시각각 변하는 해상과 공중의 기상 환경, 예상되는 관측목표의 형태와 기동방식(위장 방식 포함) 등도 숙지하고 있어야 한다.

예상전구인 태평양 도서 해역은 주간 중에는 통상 구름이 넓게 펼쳐져 있으며 소나기가 자주 내린다. 그러나 보통 저녁부터는 맑아지기 때문에 저녁 및 심야 시간대에는 비교적 시정이 양호하다. 이는 시각관측의 효과를 높이는 중요한 요소이다.

반면에 수중음향탐지기의 경우에는 태평양 도서 해역는 산호초가 산재하고 있어 음파의 통과를 방해할 가능성이 있으며, 초호 내부의 수심이 비교적 낮아서 음향탐지설비를 수중에 설치하기가 어려울 수 있다. 이럴 경우 수중음향탐지기의 효율이 감소될 수 있다. 그러나 수중 음파 전달에 적합하고 관련 설비를 설치하기에 충분한 수심을 갖춘 도서라면 충분한 탐지효과를 거둘 수 있을 것이다.

결론적으로 "음향" 관측수단은 기지방어체계에서 그 중요성이 커지고 있기 때문에 전진기지 방어체계 구축 시 이의 설치 및 활용을 더욱 확대할 필요가 있다.

② 통신체계

부대 지휘, 소방(消防) 통제, 관측 등을 위한 주통신체계는 유선통신이지만, 비상 시에는 무선통신 및 시각 · 음향통신까지 즉각 사용할 수 있도록 항상 준비해야 한다. 특히 야간 및 안개 낀 날씨에 적이 공격할 경우에는 음향통신체계가 반드시 필요하다.

감시 및 관측초소에는 잠수함 또는 항공기를 발견했을 때 바로 사용할 수 있도록 기관총 또는 소구경포를 배치해 놓는 것이 좋다. 적 잠수함 및 항공기를 발견한 즉시 예광탄을 발사하면 적군의 대략적인 위치를 인접한 방어부대에 알릴 수 있기 때문이다. 또한 통달범위가 제한적이긴 하지만 조명탄, 연막탄이나 (방향을 지시할 수 있도록 화살표 표시가 가능한) 대형 표지판 역시 신속한 시각통신체계로 활용할 수 있다.

야전용 유선전화 역시 상시 사용할 수 있도록 준비해야 한다. 방어부대 간 전화교신 외에도 필요한 경우에는 다른 섬에 배치되어 있는 아군 방어부대와도 교신할 수 있어야 한다. 도서가 산재한 태평양 해역의 조건을 고려했을 때, 아군 방어부대는 다수의 환초섬에 분산 배치되어 있을 가능성이 높다. 따라서 섬 간 전화연결이 가능하도록 산호초와의 마찰에도 닳지 않을 뿐 아니라 강한 조류에도 떠내려가지 않고 견딜 수 있는 강한 재질의 해저 케이블을 매설하는 것이 필요할 것이다.

무선통신체계는 모든 개소에 설치할 필요는 없지만 주요 작전개소가 연결이 가능하도록 해야 한다. 무선통신은 해상에 있는 아군 함정과의 통신 및 유선전화의 보조 수단으로 매우 유용하게 활용할 수 있다. 특히 무선통신은 다른 환초섬의 묘박지에 배치된 아군 해군전력 및 방어부대들과 교신하는 데 큰 효용성이 있다. 따라서 임시기지 및 관측기지로 활용하기 위해 아군부대가 점령하고 있는 섬에는 반드시 무선통신체계를 설치해야 한다. 작전적 측면에서 중요성이 높은 도서에는 통달거리가 500마일 이상인 장비를 설치할 필요가 있으며, 중요성이 떨어지는 도서는 통달거리가 약 100마일인 장비로도 충분할 것이다. 이러한 무선통신체계의 통달범위를 고려할 때, 적어도 대형 무선통신체계 3식, 소형 무선통신체계 6식이 전진기지 고정방어능력 요구 조건에 포함되어야 한다.

그러나 아무리 양호한 통신수단을 갖추고 있다 할지라도 적절한 전투계획, 통신운용계획 및 숙련된 통신 운용요원이 없다면 효과를 거둘 수 없을 것이다. (과연 현재 미국 해병대에서 잠수함의 잠망경을 목격했을 때 공격에 필요한 정보를 신속하고 간단명료하게 보고할 수 있는 인원이 몇 명이나 되겠는가?)

③ 방어포대

전진기지에 배치할 방어포대의 수량과 위치를 선정 시에 고려해야 할 중요한 사항이 있다. 적 함정이 아군의 방어포대에 포격을 가하여 명중시킬 경우 이는 포대 하나를 불능화시키는 것에 불과하지만, 아군 방어포대가 적 함정을 명중시킬 경우에는 적 수상함이 완전히 임무를 수행하지 못하게 할 수 있다는 점이다. 또한 무엇보다도 적 함정에 포탄을 명중시키지 않더라도 각종 공격을 통해 적 함정의 임무수행을 방해할 수 있다는 것이다. 이러한 측면에서 (항해 방해용) 탐조등, 조명탄과 함께 야전포 및 기관총 등을 적절히 사용하여 적 함정의 임무수행을 방해하는 것이 중요하다. 특히 탐조등은 항공기 조종사에게 혼란을 가하는 데 매우 효과적이다.

방어포대를 배치할 때는 대구경포를 충분히 확보해야 하며, 기지에 포격을 가하거나 해안으로 접근하는 모든 시도에 대해 반격을 가할 수 있는 위치에 배치해야 한다. 항만의 지형적 특성으로 인해 방어포대의 위치를 변경해야 할 수도 있기 때문에 방어용 해안포는 신속하게 전개 및 철거가 가능해야 한다.(현재 미군이 보유한 야포 중 7인치포가 이러한 범주에 포함된다.) 또한 방어의 효율성 증대를 위해 주 방어포대는 직사형 속사포로 구성해야 한다. 또한 신속하게 위치를 이동하여 모든 방향으로 사격이 가능하도록 무한궤도차량이 견인할 수 있는 형태라면 더욱 바람직할 것이다. 이동식 방어포대는 숙련된 인원만 배치되어 있다면 신속하게 설치하여 즉시 효과를 발휘할 수 있다. 이러한 이동식 방어포대는 적이 포격위치를 탐지하는 것을 교란하고 포대를 보호하기 위해 다수의 예비 포

진지 및 포좌(砲座)를 설치하여 운용할 필요가 있다.

배치가 필요한 방어포대의 숫자는 방어해야 할 해안의 면적과 거리에 의해 결정된다. 일반적으로 기지로 접근하는 적을 방어하기 위해서는 최소한 4문 이상의 대구경포가 필요하다. 이 방어포대의 임무는 모든 형태의 해상 공격을 저지하는 것이다.

주 방어포대의 공격이 미치지 못하는 사각(死角)을 방어하고, 시정이 불량한 틈을 타서 은밀하게 해안으로 접근한 잠수함 또는 수상함을 격퇴하기 위해서는 소구경포로 구성된 보조 방어포대가 필요하다. 보조 방어포대에는 주 방어포대가 담당하지 못하는 구역의 방어를 지원하는 역할을 수행한다.

이 보조 방어포대에 배치할 포는 대구경포가 될 수도 있고, 육군용 야포를 활용할 수도 있으나 두 방안 모두 그리 효과적이진 않을 것이다. 적의 기습적인 해안공격을 효과적으로 방어하기 위해서는 위협을 인지한 즉시 유효사격을 가할 수 있는 해안포를 갖추어야 한다. 이러한 효과를 달성하기 위해서는 가급적 5인치 속사포를 배치하는 것이 바람직하다. 일반적으로 환초 진입수로 및 진입수로로 접근하는 해역을 통제하기 위해서는 최소한 4개의 보조 방어포대를 설치하는 것이 필요하다. 포대의 위치를 선정할 때는 배치된 포가 방어기뢰원(mine)이나 기타 상륙저지 장애물의 전방해역을 커버할 수 있도록 해야 한다. 장기적으로 해병대사령부 차원에서는 도서방어에 필요한 해안포를 해군으로부터 조달받고 충분한 수량의 해안포를 사전에 확보할 필요가 있다.

또한 적 수상함의 함포지원사격과 같은 공격에 대비하기 위해 육상방어부대 역시 포병대를 보유해야 한다. 현재 해병대는 해안방어에 적합한 8인치 곡사포를 다수 보유하고 있으며, 이는 적 수상함의 함포사격에 대응하는 데 충분할 것이다.

태평양 도서 해역의 묘박지는 일반적으로 해안으로부터 돌출된 경우가 많고 진입수로가 상대적으로 넓기 때문에 이를 방어하기 위해서는 다수의 방어포대가 필요할 수 있다. 특히 환초 묘박지로 통하는 진입수로가 여러 개 이거나 진입수로의 넓이가 넓을 경우에는 방어기뢰원을 설치하더라도 강한 조류에 의해 기뢰가 떠내려갈 수 있으며, 적의 소해작전으로 인해 기뢰원의 효과가 크게 감소할 수 있다.

포대 설치에 적절한 자재를 확보할 수 있다면 방어포대를 선박에서 양륙하여 육상에 설치하는 것은 그다지 어려운 일이 아니다. 견인용 포대를 고정하는 받침대는 섬에서 구할 수 있는 무른 목재 또는 산호 콘트리트를 활용할 수 있다. 그러나 고정식 포대를 고정시키는 데 사용하는 단단한 목재나 강재 소재의 받침대는 육상에서 운반해 와야 한다.

만약 묘박지를 보유한 도서를 적의 공격으로부터 방어하고자 한다면, 최소 7인치 직사포 12문 및 5인치 직사포 12문을 기지방어전력에 포함시켜야 한다.

현시점에서 효과적인 대공방어를 위해 어느 정도의 전력이 필요한지에 대한 명확한 답은 없는 실정이다. 항공기 1기를 격추시키기 위해서는 10,000 발의 탄약이 필요하다는 주장이 최근 국방관련 논문에 반복적으로 언급되고 있다. 그러나 이러한 논문의 중 일부는 항공기의 우수성을 강조하여 공군력을 확장해야 한다는 여론을 형성하기 위한 위한 선전용일 뿐이다. 전진기지 방어의 측면에서 볼 때 대공포탄 10,000발로 얼마나 많은 항공공격을 저지할 수 있는 지는 중요한 문제가 아니다. 실제로 현재의 대공포의 구경과 성능을 고려할 때 항공기가 폭격 위치에 도달하는 것을 막는 것은 거의 불가능하다. 그러나 중요한 사실은 대공포를 충분히 배치하고 대공사격의 방법과 사격구역을 적절히 통제한다면, 항공기가 고도를 낮출 수 없도록 강요하거나 폭격목표로 진입할 때 공격경로에서 이탈하게 함으로써 폭격의 성공률을 저하시킬 수 있다는 것이다.

이렇게 적기의 폭격을 방해하고 폭격의 정확도를 떨어뜨리는 것이 전진기지 대공방어의 목표가 되어야 한다.

항공기 조종사가 대공포격을 위협으로 인식하고 폭탄을 투하할 때 집중을 할 수 없게 만들기 위해서는 대공포화가 매우 불규칙적이고 위협적이어야 하며 사격의 정확도 역시 높아야 한다. 대공사격구역을 여러 개로 분할하고 가용한 대공포를 활용하여 불규칙이고 기습적으로 대공사격을 가할 경우 이러한 효과를 거둘 수 있을 것이다.

현재 고고도 항공기에 대해서는 구경 6인치 이상 대공포가, 저고도 항공기에 대해서는 6인치 이하의 대공포가 적합하다는 인식이 일반적이다. 물론, 동일한 수량이라면 구경이 큰 것이 좋겠지만 해병대는 육군 또는 해군에서 대공포를 조달해야 하는 입장이기 때문에 무작정 대구경 대공포를 요구할 수는 없을 것이다.

일반적으로 한 개의 대공포대는 6문의 대공포로 구성된다. 대공포대는 방호해야 할 주요 시설의 10,000야드 이상 전방에 배치하여 적 항공기가 택할 가능성이 가장 높은 접근방향-일반적으로 바람방향, 도로, 하천, 해안선 등과 평행한 경우가 많다-을 중점적으로 커버하게 한다. 또한 보조 대공포대를 배치하여 주대공포대가 커버할 수 없는 구역을 방어할 수 있도록 한다. 보조 대공포대는 주대공포대의 방어구역을 돌파했거나 불량한 시정 등으로 인해 탐지되지 않고 접근하는 항공기를 공격하는 역할 역시 수행한다.

대공포의 수량이 역부족하거나 대공탄약이 모두 고갈되었을 경우에는 가용한 중기관총을 모두 동원하여 대공방어를 지원해야 한다. 또한 대공방어의 성공여부는 효과적인 사격통제에 달려 있기 때문에, 대공사격전술을 효과적으로 적용할 필요가 있다.

태평양 도서 해역의 경우 다른 섬에서 묘박지의 대공방어를 지원해 주기 어렵기 때문에 묘박지가 위치한 섬에는 다른 어떤 도서보다 많은 대공포를 배치할 필요가 있다. 함대 전력을 수용할 수 있는 넓이의 묘박지를 방어하기 위해서는 24문의 대구경 대공포 및 12문의 소구경 대공포가 필요하다. 대공포는 고정식이 사격통제가 용이하고 사격의 정확성이 높기 때문에 이동식보다는 고정식 대공포를 설치해야 한다.

④ 탐조등 방어체계

야간에 적의 공격을 방어하기 위해서는 탐조등, 조명탄과 같은 조명지원을 받는 것이 필수적이다. 조명탄은 해군함정의 부포 및 대공포를 이용하여 발사할 수 있다. 조명탄은 탐조등을 보완하는 가치있는 자산이며, 효과적으로 활용될 경우 탐조등을 능가하는 위력을 발휘할 수도 있다. 조명탄의 사거리는 약 3,000야드로 짧은 편이나 반경 3,000야드가 넘는 수역을 충분히 비출 수 있다, 따라서 조명탄을 함께 사용할 경우 탐조등은 멀리있는 목표를 비추기 위해 무리한 출력을 사용하지 않아도 된다는 장점이 있다. 대공포의 구경을 결정하고 설치 위치를 정할 때는 조명탄의 운용조건 역시 고려해야 한다.

해상 탐조등 방어체계를 설치할 때는 모든 접근수로와 아 측이 설치한 상륙저지용 장애물을 비출 수 있도록 그 규모와 위치를 정해야 한다. 탐조등 제어 및 운용 시에는 모든 구역을 지속적으로 탐색하고, 사각(死角)을 최소화하는 것이 중요하다. 또한 의심되는 물체를 발견했을 경우에는 즉각 조명탄을 운용할 수 있어야 한다.

조명탄은 현재 활용 중인 30인치 또는 36인치 탐조등과 동등한 위력을 발휘할 수 있는 것이 좋다. 탐조등 방어체계는 적이 본격적인 야간공격 이전 감행할 수 있는 특공대의 기습으로 파괴되는 것을 예방히기 위해 이동식으로 운용하는 것이 바람직하다. 또한 원격 자동 제어가 가능하면 좋으나, 이로 인해 장비의 신뢰성이 떨어지거나 부피가 커지는 것은 바람직하지 않다.

필요 시 상륙저지용 장애물 외곽으로 발사하여 해상을 비추는 부유식 조명탄(floating flare)은 적 수상함정의 봉쇄활동이나 근접포격을 탐지하는 데 효과적인 보조수단이 된다.

대공 탐조등은 강력한 광력을 낼 수 있어야 하며 그 수량도 충분해야 한다. 원칙적으로 하나의 대공포대에는 최소한 두 개의 탐조등–사격 표시등(방향 지시등)과 탐색등–을 배치해야 한다. 탐조등은 포대의 좌우측 끝에 수평선을 기준으로 고각 30도부터 하늘 전체를 비출 수 있는 있도록 설치한다. 대공방어 시에는 탐조등, 대공포, 그리고 아 측의 요격 항공기가 상호간섭 없이 각각의 기능을 최대한 발휘할 수 있도록 세심한 통제 및 운용전술을 마련해야 하며, 끊임없는 훈련 역시 필요하다. 조명탄은 탐조등을 지원할 수 있도록 운용한다.

탐조등을 배치 할 때는 보호해야 할 아군 주요시설의 위치를 노출시킬 수 있는 곳에 배치하는 것은 피해야 하며, 대공감시요원과 대공포 운용요원이 적 표적을 가장 잘 관찰할 수 있는 위치에 배치하도록 특별히 주의를 기울여야 한다. 일반적으로 포대 또는 대공감시초소 좌우측 전방이 가장 좋은 위치이다. 태평양 도서 해역 환초의 경우 항만이나 묘박지가 해안으로부터 돌출되어 있고 활용할 수 있는 육지의 면적이 제한되어 탐조등의 위치를 선정하는 것이 쉽지 않을 것이다. 이러한 제한점을 극복하기 위해서는 충분한 수량의 탐조등을 배치한 다음 여러 탐조등을 조합하여 운용하거나, 가능한 많은 수의 예비진지를 구축한 다음 필요한 구역에 탐조등을 집중적으로 배치, 운용하는 등의 방안을 마련하는 것이 필요하다.

장애물 방어체계

기뢰원을 설치하여 전진기지를 방어하는 것은 은밀하게 접근하는 잠수함이나 수상함을 감시하기 어려운 조건을 가진 도서의 경우 매우 유용한 수단이다. 기뢰를 이용하여 수로를 방어하는 통상적인 방법은 아군 소형함정이 통과할 수 있는 측방의 좁은 수로만 남긴 채 주요 진입수로 주변에 기뢰를 부설하는 것이었다. 그러나 기뢰를 부설하여 수로를 봉쇄하기 위해서는 막대한 양의 기뢰 및 부설전력, 그리고 다수의 숙련된 인원이 필요하기 때문에 전진기지 방어를 위해 보호기뢰원을 설치하는 것은 항상 최후의 수단으로 간주되었다. 또한 보호기뢰원을 성공적으로 설치한다 하더라도 아군 함정 역시 위험에 빠질 수 있다는 단점이 여전히 존재했다.

제1차 세계대전 중 미국 해군은 수상함과 잠수함 모두에 위력적인 방어용 접촉기뢰를 개발했다. 이 300파운드급 기뢰는 길이가 80피트에서 100피트인 접촉안테나가 장착되어 있으며, 최대로 수심 1,000피트까지 부설할 수 있었다. 제1차 세계대전 중 미 해군은 다수의 함정에 기뢰를 부설할 수 있는 장치를 설치했기 때문에, 향후 전진기지를 방어하기 위해 기뢰원을 설치할 필요가 있을 경우 이 함정들을 활용할 수 있을 것이다. 접촉기뢰를 활용한 보호기뢰원은 굴곡이 없는 직선화된 진입수로를 방어하는 데 활용할 수 있으며, 방어포대를 함께 운용하여 방어능력을 향상시키도록 해야 한다.

태평양 환초대 해역에서는 일반적으로 진입수로 및 묘박지 입구에서 강한 조류가 흐르는데, 이로 인해 기뢰부설에 어려움이 발생할 수 있다. 진입수로 및 묘박지 입구의 강한 조류는 정확한 위치와 수심에 기뢰를 부설하기 어렵게 할 뿐 아니라, 기뢰의 앵커가 충분히 무겁지 않을 경우에는 기뢰가 고정되지 못하고 표류할 수 있기 때문이다. 또한 대부분의 환초의 경우 보초 외곽에서부터 수심이 급격하게 깊어지기 때문에 묘박지로부터 어느 정도 거리가 멀어지면 기뢰원을 설치하는 것 역시 불가능할 것이다. 기뢰부설작전 중에 적이 항공폭격으로 기뢰부설을 방해할 수도 있기 때문에 기뢰부설전력을 보호할 수 있는 대공포의 배치에도 신경을 써야 한다.

현재까지 수로 외곽에서 묘박지 내부로 발사하는 어뢰공격을 방어할 수 있는 뾰족한 수단은 없다. 어뢰/대잠방어망을 설치할 수는 있으나, 적이 탄두부에 방어망 절단기를 장착한 어뢰를 사용한다면 큰 효과를 기대할 수 없는 실정이다.

그러나 묘박지 및 항만시설을 건설하는 단계에서는 조류의 흐름에 따라 환초 외곽에서 부유기뢰가 묘박지로 흘러들어오는 것을 방지하기 위해 임시로 수중방재와 방어망의 설치가 필요할 수 있다. 임시 수중방재 및 방어망은 기뢰를 관측하여 해안포로 파괴할 수 있는 반경 내에 설치하는 것이 좋다.

기동 방공전력

전력의 효과적 운용을 위해서 전진기지의 방어를 위한 항공작전에는 지상발진 항공기를 우선적으로 투입해야 하며, 특수한 경우에만 해군 함재기 또는 수상정(水上艇)의 지원을 받는 것이 바람직하다. 해군 함재기와 수상정은 상대적으로 작전반경이 짧고 속력이 느리기 때문에 항공작전 임무에는 지상발진 항공기가 더욱 효과적이기 때문이다. 또한 해군 함재기 및 수상정의 일차적인 임무는 대양에서 적 함정과 함재기를 공격하는 것이기에, 이를 기지방어라는 방어적인 임무에 투입하는 것은 운용 원칙에 어긋난 것일 뿐 아니라 경제적이지 못한 일이다.

전진기지에 배치된 항공전력의 임무는 적을 탐지 및 공격하고, 추격하는 것이다. 전진기지 항공전력은 구체적으로 아래와 같은 임무를 수행한다.

(a) 주간 중 항만 입구 또는 접근로를 기준으로 반경 20마일 구역에서 적 잠수함 및 수상함의 접근을 감시한다.
(b) 주간 중 최소한 1시간 이상 적 함대 접근 여부를 정찰하고 전파한다.
(c) 적이 해상을 통해 기습 및 상륙 시도 시 적 함정을 폭격하고, 아군 방어포대의 탄착관측을 지원한다.
(d) 적의 폭격기 및 전투기를 추적, 요격하여 전진기지의 방공작전을 지원한다.

상기 임무를 수행하는 데는 많은 종류의 항공기가 필요하지는 않다. 현재 미국 해병대는 전진기지 방어에 투입할 항공기의 기종을 정찰/폭격기와 공중전투기(요격기)의 2개로 제한하는 전력획득 정책을 유지 중이다.

아 측이 전진기지 방어를 위해 배치해야 할 항공전력의 규모는 적의 전구 내 항공기 배치계획과 전진기지 공격에 투입할 것이라 예상되는 항공전력의 규모에 달려있다. 향후 태평양 도서 해역에서 펼쳐질 작전양상을 고려할 때, 적은 아 측이 점령하고 있는 전진기지 공격 시 항공기를 이용한 항공공격을 주공으로, 수상함을 활용한 해상공격을 조공으로 선택할 가능성이 높다. 비교적 작은 섬 또는 환초 묘박지를 방어한다고 가정할 경우 주간 중에는 최소한 3기의 정찰/폭격기가 항공정찰을 실시할 필요가 있다. 따라서 예비기를 포함하여 총 12기의 정찰/폭격기가 필요하다. 또한 주야간 적의 해상공격에 대비하기 위해서는 추가적으로 12기의 정찰/폭격기가 있어야 한다. 그리고 접근하는 적기(敵機)를 공중에서 추적하고 요격하기 위해서는 최소 24기의 공중전투기가 필요하다. 이는 적 호위기의 반격을 뚫고 적 폭격기 편대군에 피해를 입힐 수 있는 최소한 규모라고 할 수 있다. 결론적으로 한 개의 전진기지 방어를 위해서는 정찰/폭격기 24기와 공중전투기 24기가 필요하다.

전진기지를 건설하고 있는 단계에서 항공기 이착륙용 비행장을 확보하는 것이 특히 중요한 문제가 된다. 환초섬에서 천연비행장으로 활용할 수 있는 장소는 산호 퇴적물이 깔린 해변과 산 정상의 평탄한 고원밖에는 없다. 비행장으로 활용하기 위해서는 주변에 높은 초목이 없어야 하고, 활주로 크기는 최소한 가로 500야드, 세로 20야드 이상이 되어야 하며 주된 바람방향을 따라 활주로가 뻗어나가야 한다. 또한 활주로 표면은 자동차가 시속 40마일 이상의 속력을 낼 수 있을 만큼 평탄하고 장애물이 없어야 한다. 상륙군은 필요 시 즉시 임시 비행장을 가설할 수 있도록 관련 장비 및 물자를 갖추고 있어야 한다.

기동 해상방어전력

항만 및 묘박지의 천연적인 특성 또는 기타 이유 등으로 인해 항공방어전력이 전체적인 전진기지의 방어에 큰 도움이 되지 못할 경우에는 기동 해상방어전력을 활용하여 이를 보완하도록 해야 한다. 당연히 전진기지방어 목적의 해상전력은 반드시 필요한 수준으로만 운용해야 하며, 함대작전에 영향을 미치지 않도록 손상을 입어 함대에서 이탈한 수리함정이나 보조 함정들을 위주로 구성해야 한다. 기동 해상방어전력의 일반적 구성은 아래와 같다.

(a) 소구경포, 대공포 및 폭뢰를 장비한 경비정
(b) 소해함
(c) 적의 도서공격 격퇴용으로 할당된 구축함, 잠수함 및 항공기

기동 육상방어전력

육상방어의 주요 목표는 기지의 해상방어전력 및 항공방어전력이 그

기능을 발휘할 수 있도록 적의 공격으로부터 보호하는 것이다. 여기에는 육상 기지시설의 방어, 방어 수단이 배치되지 않은 주요 시설 및 적의 공격목표 보호, 비행장 보호 등이 포함된다.

만약 적이 자신들이 사용하기 위해 항만을 점령하려 한다면, 적은 대규모 병력을 동원하여 항만 주변과 접근로 상에 있는 모든 방어거점을 확보하려 할 것이다. 반면에 적의 의도가 항만 및 주변의 자산을 파괴하거나 아군 함대가 항만을 사용치 못하게 하는 것이라면, 적은 항만에 포격을 가할 수 있는 위치를 확보하고 이를 고수하는 데 집중할 것이다. 현재의 공성포(siege gun) 중에는 유효사거리가 10마일이 넘어 원거리 사격이 가능한 것도 존재한다. 따라서 적이 아군의 항만 사용 거부를 목표로 삼고 있고 섬의 그리 크지 않을 경우에는 적은 내륙지역으로 깊숙이 전진하지 않을 것이다.

이러한 이유로, 해안선의 형태가 방자에게는 유리하고 공자에게는 불리한 지형이라면 육상방어는 적의 상륙을 거부하는 데 중점을 두어야 한다. 아 측은 해안을 따라 방어선을 형성하고 여기에 가장 강력한 부대와 장비를 배치해야 한다. 적이 최초 상륙에 성공하게 된다면 후속제대를 지속 투입하여 아 측의 해안 방어선을 돌파하고 최종적으로 후방 방어거점을 점령하려 할 것이다. 따라서 후방 방어거점에는 고정방어전력을 배치하여 적의 접근을 거부하고, 차후 적이 점령한 지역을 탈환할 수 있는 발판으로 활용하도록 해야 한다.

위에서 논의한 사항들을 고려할 때, 통상적인 육상방어체계는 제1 방어선(해안과 인접한 주저항선), 제2 방어선(육상기지시설 및 항공/해상방어전력 지원시설)및 후방 방어거점으로 구성된다. 제2 방어선과 후방 방어거점은 아군부대가 제1 방어선을 고수할 수 없을 경우에만 점령한다. 육상방어체계별 자세한 내용은 아래와 같다.

① 제1 방어선

제1 방어선은 해안선과 평행하게 적이 상륙가능한 모든 지점을 방어할 수 있도록 구성되어야 한다. 그리고 아래와 같은 목표를 달성할 수 있도록 장비 및 병력을 배치한다.

(a) 최대한 적 병력수송선이 해안에 접근하지 못하도록 하여 적 상륙군의 함안이동을 저지한다.

(b) 포병, 37mm 대전차포 및 기관총을 활용, 해안으로 접근하는 적의 주파(舟波)를 공격하여 인명을 살상하고 주파 대형을 와해시킨다.

(c) 해안에 상륙저지용 장애물을 설치하여 적의 주정의 해안상륙을 거부하고 육상 장애물을 이용하여 상륙한 적군이 내륙으로 진출하지 못하도록 한다.

(d) 적이 해안 상륙저지 장애물이나 육상 장애물로 인해 돈좌된 틈을 타서 기습공격을 가하고, 장애물이 없을 경우에는 주정에서 하선하여 공격대형을 갖출 때를 틈타 모든 수단을 동원하여 기습적으로 공격한다.

(e) 내륙으로 전진하는 적군에게 반격을 가하고 상륙지점 측방에 위치한 부대를 투입하여 적의 진출을 저지한다.

(f) 적의 해상 및 항공 화력지원으로부터 방어부대를 보호한다.

(g) 필요한 경우 방어부대가 후방 방어선으로 안전하게 퇴각할 수 있도록 한다.

앞서 제시한 목표를 달성하기 위해서 제1 방어선은 아래와 같이 구성되어야 한다.

(a) 수중 장애물. 수중 장애물은 목재, 철재 말뚝이나 암초, 산호초 등과 같은 자연적 돌출물에 연결된 철조망 또는 케이블로 구성된다. 이 수중 장애물은 상륙주정이 통과하지 못할 정도로 저지력이 강

해야 한다. 수중 장애물을 설치할 때는 현지 해안의 특성을 고려해야 하며, 적의 상륙주정의 통과를 효과적으로 저지할 수 있도록 적절한 위치에 설치해야 한다. 특히 고조 시 너무 깊게 물에 잠기거나 저조 시 완전히 드러나는 위치에 설치하지 않아야 한다.

(b) 해안 상륙저지용 장애물. 해안 장애물은 휴대가 가능한 철조망 또는 자재를 이용하여 적이 발견하기 어렵도록 설치한다. 해안 장애물은 특정한 방향을 지향하도록 구축하여 진격하는 적을 자연스럽게 아군이 대비하고 있는 방어구역으로 유도할 수 있도록 해야 한다. (독일군은 이러한 방식의 장애물 방어체계를 블랑 몽 리지(Blanc Mont Ridge) 전투 시 사용했는데, 미국 해병대에서는 아직까지 아무도 이러한 내용을 모르고 있다.)

(c) 탐조등, 조명 및 섬광 등을 활용한 관측체계. 주야간 구분없이 어떠한 조건하에서도 적을 탐지할 수 있도록 높낮이가 다른 여러 관측초소를 적절히 결합하여 배치해야 한다. 해안에 관목, 등유 따위를 태워 해안을 비춤과 동시에 섬광, 보병용 탐조등을 활용한다면 야간에 적 부대의 상륙과 이동을 감지하는 데 충분할 것이다. 이러한 수단이 적의 이동을 탐지하는 데 충분하지 않다면 해상방어나 대공방어에 활용되는 탐조등을 동원해야 한다.

(d) 기관총 및 37mm 대전차포 방어선. 기관총 및 대전차포 진지는 해안 방향으로 적의 예상 접근로와 상륙해안을 둘러싸는 형태로 구축한다. 이 진지들은 고지대 및 저지대에 모두 배치할 필요가 있는데, 고지대 진지는 주정에서 하선하는 적을, 저지대 진지는 하선하여 해변으로 접근하는 적을 공격하기 위한 목적이다.

(e) 1차 역습부대 및 지원부대 배치구역. 해변에 상륙하는 적을 수류탄으로 공격하고 격퇴하기 위한 역습부대 및 지원부대를 배치한다. 역습부대 및 지원부대는 전방진지 또는 관측소 후방에 위치하여 (d) 항목에 제시된 기관총 및 대전차포 방어진지를 지원하고 적이 육상거점을 확보하는 것을 저지할 수 있어야 한다.

(f) 지원포병대. 해상에 있는 적 병력수송선이나 상륙주정을 효과적으로 공격하고, 해안 및 지상군 대치선 등에 화력을 제공할 수 있는 위치에 포병대를 배치한다. 포병대의 세부적인 배치 위치는 지형 및 통신 여건에 따라 달라질 수 있는데, 상황에 따라서는 포병을 해변 가까이에 배치해야 할 수도 있다.

(g) 2차 역습부대 및 지구 예비대 배치구역. 해안으로 진출한 적이 육상거점을 탈취하거나 공고화하지 못하도록 사전에 반격부대 및 예비대를 배치한다.

(h) 중포병대. 해상에 위치한 적 병력수송선 및 기타 함정을 공격하기 위해 중포병대를 배치한다. 중포병대는 멀리있는 해상표적에 대해 간접지원사격을 가하거나 (f) 항목에 명시된 목표들을 공격하기 위해 직접지원사격을 제공할 수도 있다.

(i) 전진기지 예비대 배치구역. 전진기지 예비대는 모든 구역에 지원을 제공할 수 있는 위치에 배치되어야 한다. 전진기지 예비대는 필요에 따라서 전진기지부대의 2선으로 후퇴 또는 철수를 지원한다.

도서방어부대의 세부적 배치 계획을 수립할 때는 도서의 지형 및 해안 특성 등과 같은 지리적 요건뿐 아니라 아래와 같은 전술적 상황 역시 고려해야 한다.

(a) 예상되는 적의 공격양상 예측을 통해 초기방어력을 집중시킬 필요가 있는 해안 식별

(b) 지원부대 및 예비대를 투입하는 데 소요되는 시간

(c) 각 거점에 배치된 방어부대에 제공해야 할 지원의 수준 등

② 제2 방어선 및 후방 방어거점

제2 방어선 및 후방 방어거점 역시 제1 방어선과 유사한 원칙에 따라 준비한다. 제2 방어선의 위치는 적의 화력이 아군 방어시설에 가하는 피

해를 최소화할 수 있는 위치로 선정해야 한다. 제1 방어선과 일정한 간격을 두고 배치되어 주방어선을 지원하는 역할을 하는 제2 방어선은 아래와 같은 조건을 갖추어야 한다.

(a) 상륙해안에서 내륙의 주요 기지 시설로 이동하는 경로 상에 구축하여 적의 진격을 차단할 수 있어야 한다.
(b) 각 상륙해안을 연결하는 주요 길목 상에 구축하여 해안에 상륙한 적이 합류할 수 없도록 하고 각 부대를 각개격파 할 수 있도록 한다.
(c) 적의 진격을 최대한 저지할 수 있도록 지형적 이점을 최대한 활용할 수 있는 곳에 구축한다.

현실적으로는 지형적인 제한 및 가용시간의 부족으로 인해 위에 제시된 제2 방어선을 완벽히 구축할 할 수는 없을 것이다. *그러나 전진기지는 일시적 주둔지일 뿐이며, 방어선 구축작업을 완료하는 데 충분한 시간이 없다는 등의 이유를 들어 방어선 구축을 미루는 것은 결코 용납될 수 없다.* 아군은 모든 노력을 투입하여 가능한 한 가장 강력한 방어선을 구축해야 한다. 적이 예기치 못한 시점에 압도적인 전력을 동원하여 아 측을 공격할 가능성은 언제든지 발생할 수 있는 것이다. 태평양의 도서 해역의 지형 특성상 도서 방어작전 시 다른 도서에 배치된 부대의 지원을 받는 것은 거의 불가능 하다. 따라서 방어부대는 모든 화력을 동원하여 상륙 해안에서부터 적의 상륙을 저지해야 한다.

화산섬의 경우 대부분 배후에 울창한 정글이 있고 이를 관통하는 도로나 길이 없는 경우가 많아 병력의 육상 이동에 많은 제약이 따른다. 따라서 가용시간의 부족 및 불량한 지형 조건 등을 고려했을 때 방어부대는 해안에서 내륙으로 병력과 장비를 전개시켜야 할 것이다. 지원부대나

예비대를 동원하여 정글 통로를 개척할 수는 있지만 이는 상당한 시간이 소요되는 작업이다. 포병은 일단 진지를 점령하고 나면 특별한 사유가 없는 한 위치의 이동없이 방어작전을 지원해야 할 것이다. 방어작전 중 방어부대를 지원하기 위해 다른 화산섬이나 산호초에 전개된 병력을 해상으로 이동시켜 투입하는 것은 작전의 위험성이 높다.

태평양 도서 해역의 산호섬 및 화산섬의 지리적 형태, 통상적으로 방어부대에 유리한 해상 및 기상상태를 고려할 때, 적 부대가 상륙이 가능한 해안은 총 해안 길이의 절반 이하를 밑돌 것이다. 적이 1개의 도서에 상륙한다고 가정할 경우 방어에 필요한 최소한의 장비 편성은 아래와 같다.

- 75mm 직사포 32문 (연대상륙단 장비 일부)
- 155mm 직사포 18문 (기지방어연대 장비)
- 8인치 곡사포 12문 (기지방어연대 장비)
- 중형(36인치) 탐조등 6식(기지방어연대 장비)
- 소형(12-18인치) 탐조등 32식(연대상륙단 장비 일부)
- 야전통신장비 6식(통달거리 100마일) (연대상륙단 장비)

기타 방어지원용 장비물자 및 인력

전진기지의 공격, 점령 및 방어 시 가장 큰 문제점 중 하나는 병력뿐 아니라 부대에 필요한 대부분의 장비물자 역시 부족하다는 점이다. (전진기지의 확보 및 방어에 필요한 장비물자를 사전에 확보해 놓았다 할지라도, 국가 지도부는 이 자원을 더욱 중요성이 높다고 여겨지는 군사활동에 언제든지 투입할 수 있기 때문에 전쟁 발발 시 막상 해병대가 활용할 수 있는 자원은 언제나 부족할 것이다.) 태평양 해역에서 아 측에 필요한 전진기지를 확보하려 할 경우에도 이러한 상황이 그대로 전개될 가능성이 매우 높다. 전진기지에 상륙한 해병부대가 사용할 수 있는 자재란 현장에서 갓 벌채한 목재, 암석 및 상륙군이 타고 온 소형 주정이 전부일 것이다. 그러나 상륙군이 전투를 지속하고 전진기지를 방어하기 위해서는 방어시설뿐만 아니라 일반지원시설 및 병영시설도 필요하다. 따라서 이러한 지원시설을 건설할 공병대 역시 필요하다. 본격적인 시설 공사에 착수하기에 앞서 해안 접안시설 및 도로의 건설이 필요하며, 이를 위해서는 엄청난 규모의 발파, 굴착 및 평탄화 작업이 선행되어야 한다.

또한 동력주정 또는 노도선(櫓櫂船)을 능숙하게 다룰 수 있는 숙련된 인원이 있어야만 상륙에 성공할 수 있으며, 상륙 후 해안으로 장비물자 양륙작업을 원활히 수행할 수 있을 것이다. 그리고 빽빽한 정글, 험난한 지형 등으로 인해 육상으로 진격하는 상륙군이 고립될 가능성도 높으므로, 이들 부대 간 연락업무를 수행할 상당수의 통신요원 역시 필요하다.

필요한 모든 인원을 편성하기가 제한되는 상륙작전의 특성상 이러한 지원/특수요원들은 가능한 한 소규모가 되어야 하며, 치열한 전투상황에서도 철수하지 않고 본연의 임무를 수행할 수 있도록 강도 높은 훈련을 받은 인원들이어야 한다.

전진기지의 점령 및 방어에 필요한 장비물자의 수준에 관하여 이전부터 많은 논의가 있어 왔는데, 대부분 불필요하거나 쓸모없는 장비물자를 과도하게 요구하는 경우가 대부분이었다. 그러나 해상에서 해안으로 장비물자를 이송하는 과정에서 충격이나 손상이 가해질 가능성이 높기 때문에 섬세하고 복잡한 장비, 특수한 상황에서 제한적으로만 사용할 수 있는 장비는 전진기지 방어용 장비물자에서 제외하는 것이 바람직하다. 그럼에도 불구하고 이러한 특수장비가 반드시 필요하다고 할 경우에는 이송 시 취급에 유의해야 하며, 이를 작동할 기술을 보유한 인원 역시 함께 전개시켜야 한다. 전진기지 전개 장비물자 목록에 특수장비를 추가할 경우에는 해당 장비의 무게, 작동의 신속성 및 내구성 등을 고려하여 신중하게 결정해야 한다.

전진기지에서 활용할 육상운송수단 역시 고려할 필요가 있다. 앞에서 언급한 대로 전진기지 방어작전 시 대부분의 부대와 방어시설들은 해안과 가까운 곳에 전개할 것이며, 위치를 이동할 가능성은 상대적으로 적을 것이다. 환초섬은 섬 내륙으로 이동가능한 도로가 거의 없는 반면, 각 해안을 이어주는 해상운송은 가능하기 때문에 방어부대는 소형보트를 활용하여 대부분의 보급 및 이동문제를 해결하게 될 것이며, 육상 운송수단의 활용은 상대적으로 비중이 낮을 것이다. 그러나 병력 및 화력체계의 재배치와 같은 필수적인 부대의 이동에 소요되는 육상운송수단은 사전에 마련할 필요가 있다.

전진기지에는 대부분의 자원이 부족하기 때문에 군대의 배치 및 유지에 필요한 모든 장비물자는 해상수송수단을 활용해 섬으로 들여와야 한다. 방어작전에 필요한 중요한 장비물자에는 텐트, 방수포, 빗물 저장용기, 시멘트, 건설용 철도, 공병장비 및 폭발물, 철조망, 모래 주머니, 목재 작업 공구, 위장망, 해안 부교건설 자재, 폭격 방호자재 등이 있다.

내용 요약

전략

(a) 주력함대의 결정적 행동이 태평양에서 (일본과의) 전쟁의 승패를 결정할 것이다.

(b) 적을 공격하기 위해서는 아군 함대가 적 함대에 비해 최소 25% 이상 전력의 우위를 점해야 한다.

(c) 적은 자신의 주력함대는 방어권 내에서 대기시킨 채, 보조전력(구식함정, 어뢰, 기뢰 및 항공기 등)을 활용하여 방어권 외곽에서 아군함대에 지속적인 소모전을 전개할 것이다. 적은 함대결전에서 아군함대를 격파할 수 있다고 판단될 때까지 이러한 소모전을 지속할 것이다.

(d) 한번 파괴될 경우 대체하기 어려운 주력함대의 전력들은 적군 주력함대와의 결전에 대비하여 전력을 보존해야 한다.

(e) 함대결전 이전에 벌어지는 예비작전(소모전)에는 반드시 필요한 전력만 투입해야 하며, 노력의 낭비 또한 최소화해야 한다.

(f) 따라서 전진기지 공격, 점령 및 방어작전 지원 등으로 주력함대의 전력에 공백이 발생하지 않도록, 해병대는 (여건이 허락하는 범위 내에서) 주력함대의 지원을 최소화하면서 상륙작전을 수행할 수 있는 능력을 평소부터 갖출 필요가 있다.

(g) 전투함대에 행동의 자유를 보장하고 작전적 부담을 최소화할 수 있도록 적의 전략적 전선(strategic front)에 대한 군사력 투사는 질서정연하고 신속하게 이루어져야 한다(장시간 함대의 지원이 필요하거나 적의 공격에 쉽게 노출될 수 있는 목표는 피하는 것이 좋다).

(h) 전략적 목표는 적 방어부대가 주력부대의 지원을 받기 어렵도록 어느 정도 고립된 곳이 좋다.

(i) 전략적 목표는 후속 상륙 및 공격작전이 용이하도록 함대를 수용할

수 있는 수 있는 묘박지를 갖추고 있어야 한다.

(j) 전략적 목표 달성을 위한 세부 임무는 아래과 같다.(임무 중요도 순)

a. 아 측 함대용 전진기지 확보

b. 적이 점거하고 있는 기지 확보

c. 적이 활용할 가능성이 있는 묘박지를 점거 및 통제

d. 기타 지역의 점거 및 통제

전술

(a) 적은 육상부대를 자유롭게 운용할 수 있다는 이점을 보유하고 있을 뿐 아니라, 전략적 목표구역 내에서 아 측에 '소모전'을 강요할 수 있는 상당한 육상방어능력을 구축하고 있다.

(b) 적은 방어를 위해 기동 육상방어전력을 배치하고 기뢰를 포함한 장애물 방어체계를 구축할 것이며, 아 측은 이러한 적의 방어체계를 돌파하기 위해 소해작전 및 대규모 상륙작전을 감행해야 할 것이다.

(c) 적은 사전 충분한 시간을 두고 방어작전을 준비할 것이다.

(d) 적은 주력부대의 주둔기지와 아 측의 입장에서 활용가치가 큰 기지를 중점적으로 방어할 것이다.

(e) 전략적 상황을 고려하여 적이 점령하고 있는 섬(또는 도서군)을 확보하기 위한 세부 임무는 아래와 같다.

a. 묘박지 및 상륙지점을 통제하는 데 필요한 육상거점을 탈취하여 적이 이를 사용하지 못하도록 한다.

b. 묘박지 및 상륙지점, 그리고 진입수로를 통제하는 데 필요한 육상거점을 탈취하여 아측이 이를 사용할 수 있도록 한다.

c. 섬 또는 도서군 전체를 점령하여 아측이 제한없이 사용토록 하고, 적은 정찰을 포함한 어떠한 군사적 활동도 하지 못하게 한다.

(f) 기상과 해상 상태, 그리고 적의 저항 수준에 따라 상륙작전은 아래에 제시된 형태 중 하나로 이루어질 것이다.

a. 원해에서 목표로 곧바로 상륙

b. 환초 진입수로를 통제할 수 있는 육상에 상륙, 이를 확보한 후 아군 상륙부대가 상륙목표로 안전하게 이동할 수 있도록 보장

(g) 어떠한 상륙방식이 되든 상륙군이 육상에 상륙한 직후에는 "주정두보"를 확보하고 이를 고수해야 한다.

(h) "주정두보"는 상륙군의 접근 및 탈취가 용이한 위치로 선정해야 하며, 그 상대적 위치가 상륙목표와 가까워야 한다.

(i) 육지가 대부분 정글로 이루어져 있고, 내륙의 교통이 어려운 산호섬의 지형적 특성을 고려할 때, 적은 해안에 상륙방어선을 구축할 가능성이 매우 높다.

(j) 적은 해안의 다양한 상륙저지 장애물과 해안에 인접한 정글에 배치된 강력한 방어거점을 중심으로 방어체계를 구축할 것이다.

(k) 아군은 상륙 시 최대한의 전력을 투입해야 한다.

(l) 상륙군은 해안 및 정글에서 긴급전투나 근접전투를 수행하는 데 적합한 병력과 장비를 갖추어야 한다.

(m) 적의 중심을 타격하기 위하여 상륙작전은 기습적이고 신속하게 이루어져야 한다.

(n) 상륙목표를 확보한 이후 방어작전의 목표는 적이 아 측이 확보한 특정 지역(묘박지, 항구 시설 등)을 파괴하려는 시도를 저지하는 것이다. 따라서 방어작전 시에는 적의 병력이나 장비를 직접 파괴할 필요는 없으며, 아 측의 방어력 수준은 적의 탈환공세를 격퇴할 수 있는 수준이면 된다.

(o) 고정 방어전력은 육상 및 해상의 모든 공격을 방어할 수 있도록 적의 동향을 잘 관측할 수 있고, 원활한 통신이 가능하며, 신속하고 정확한 사격이 가능한 위치에 배치한다.

장비물자

(a) 수송선의 제한된 공간을 고려하여 다양한 상황에서 활용할 수 있는

장비물자만 포함시킨다. 특수장비, 용도가 제한적인 장비물자나 기능 및 활용도가 중복되는 장비물자는 육상전개목록에서 제외한다.

(b) 거친 취급 및 외부 노출에 취약한 민감하고 복잡한 장비와 숙련된 인원만이 다룰 수 있는 장비물자는 육상전개목록에서 제외한다.

(c) 육상에 전개시킬 목록에 특수장비를 추가할 경우에는 해당 장비물자의 무게, 작동의 신속성 및 내구성 등을 고려하여 신중하게 결정한다.

(d) 모든 장비물자는 주정에서 해안으로 빠르게 이동이 가능하고 육상에 신속하게 설치할 수 있는 크기와 용적이어야 한다.

(e) 전구 내에는 작전에 필요한 장비물자가 턱없이 부족하기 때문에, 상륙부대가 임무를 수행하는 데 필수적인 장비물자는 상륙수송선단에 미리 적재해야 한다.

(f) 상륙군부대의 대다수가 해안 근처에 위치 할 것이고, 섬의 특성상 소형보트를 이용한 수송이 용이한 반면, 육상을 이용한 연락 및 수송은 크게 제한될 것이다. 따라서 육상수송수단은 크게 필요치 않을 것이다.

(g) 장비의 운용숙달 및 보급을 단순화하기 위해 상륙군의 장비물자는 육군, 해군 및 해병대의 제식장비여야 한다.

(h) 전진기지부대를 위한 장비물자의 규모는 현재 해병대가 실제로 보유하고 있거나 적대행위 발발 시 보유하고 있을 것이라 예상되는 범위 내에서 책정해야 한다.

인력

(a) 가장 큰 병력의 손실은 함안이동 단계에서 발생할 것으로 예상되는 바, 상륙군부대에는 함안이동을 집중적으로 훈련한 인원을 배치해야 한다.

(b) 특히 전력의 통합이 어려운 상륙작전에서, 상륙군부대에 특별한 임무 수행을 목적으로 한 특수 조직을 편성하는 것은 최소화해야 한

다. 상륙군부대 인원들은 가능한 한 전투편성을 변경하지 않으면서 각종 응급상황에 대응할 수 있는 전문적 훈련을 추가로 받아야 한다.

(c) 바다로 둘러싸인 도서가 대부분인 태평양 전구의 특성을 고려하여 상륙부대 요원은 아래와 같은 능력을 구비하기 위한 전문적 훈련을 받을 필요가 있다.

a. 야전공병기술 (건선거, 도로 및 대피호 건설, 장애물 설치 및 참호 작업, 전방개척 작업, 고하중 장비물자 수송 등).

b. 통신 (분산 및 이격된 부대 간 연락을 유지하기 위한 모든 유형의 통신 기술)

c. 해상수송 (동력선, 범선 및 노도선 조종능력 포함)

조직편성

(a) 함대에서 수송선을 보호하기 위한 호위전력의 차출을 최소화하기 위하여 상륙작전용 병력수송선박은 반드시 필요한 만큼만 할당한다.

(b) 해상부대는 전력의 손실이 전체 전력의 1/3을 넘지 않는 한 부여된 임무를 수행할 수 있어야 한다.

(c) 수송선박에 인원 및 장비물자를 탑재 시에는 상륙 즉시 최대한의 전투력을 발휘할 수 있도록 신중하게 탑재계획을 수립해야 한다.

(d) 수송선박 및 상륙부대는 낭비가 없도록 운용해야 한다.

(e) 일단 선박들이 해상에 전개하고 나면 서로 간 병력이나 물자의 이동이 불가능하다는 점을 인식하고 있어야 한다.

(f) 상륙부대는 수송선단에 탑재되어 모항(母港)을 떠나기 전에 전투편성을 끝마쳐야 한다.

(g) 상륙작전을 완수하는 데 필요한 충분한 병력과 물자를 배당해야 한다.

(h) 각 제대의 인원 및 물자를 여러 수송선에 분산시켜 탑재하는 것은

바람직하지 않다.

(i) 상륙작전 시행에 필요한 모든 훈련은 모항을 떠나기 전에 완료한다.

제5장

엘리스가 남긴 유산과 교훈

제5장
엘리스가 남긴 유산과 교훈

피트 엘리스 중령은 미국 해병대 내에서 널리 알려진 인물이다. 패리스 아일랜드(Parris Island)와 샌디에고(San Diego)에 있는 해병대 신병훈련소에서는 훈련병들에게 엘리스가 일본과의 전쟁을 정확히 예측했지만, 이 사실은 거의 알려지지 않았다고 교육한다. 또한 버지니아주 콴티코(Quantico)에 위치한 해병대 장교후보생학교의 교관들은 후보생들에게 엘리스는 '미크로네시아 전진기지작전'에서 미래 상륙작전 양상을 정확히 꿰뚫어 보았으며, 그가 작성한 문서는 당시 미 군부가 대일전쟁계획, 일명 '오렌지전쟁계획(War Plan Orange)'을 작성하는 데 크게 공헌했다고 교육하고 있다. 그리고 콴티코의 알프레드 그레이 장군 해병대 연구소 내에 있는 해병대 기록관에는 엘리스의 저작을 보관하는 전용 서가가 비치되어 있다. 또한 미 해병대학(Marine Corps University)에는 원정전학교(Expeditionary Warfare School)와 해병지휘참모대학 학생장교들이 상륙작전계획 연구발표를 진행하는 대규모 강의실이 있는데, 이 강의실은 엘리스 홀(Ellis Hall)이라고 불린다. 강의실 입구에는 엘리스의 흉상까지 놓여있다. 또한 최근 미국 해병대는 미래 상륙작전의 방향을 연구하기 위해 엘리스 그룹'(Ellis Group)'이라 이름붙인 자체 연구단을 조직하기도 했다.

한편 미국 해병대지(*Marine Corps Gazette*)에서는 매년 엘리스의 이름을 건 학술논문 현상공모대회를 개최하고 있다.

그러나 이렇게 미국 해병대 내에서 엘리스의 이름은 계속해서 회자(膾炙)되고 있지만, 최근에 들어 사람들은 그의 사상을 직접 읽고 연구하기보다는 그저 찬사를 보내는 경우가 더 많아진 것이 사실이다. 현재 미국 해병대 사령관의 권장도서 목록에는 엘리스의 전기(傳記)가 포함되어 있지 않으며, 그의 저작은 해병대 기록관에 열람을 요청해야만 내용을 확인할 수 있다. 나는 이 책이 엘리스의 사상과 저작에 관해 진지한 관심을 불러일으킬 수 있는 계기가 되기를 희망하며 편집을 진행했다. 우리는 엘리스가 남긴 유산이 그가 예측했던 범위를 훨씬 뛰어넘는 영향력을 가지고 있다는 점을 인식할 필요가 있다.

엘리스는 그가 사망할 때까지도 제대로 조명 받지 못하고 있던 작전술을 미국 군대 내에서 체계화시킨 최초의 작전술의 선구자라고 할 수 있다. 그는 필리핀에서 대반란전을 비롯해 가장 참혹한 대규모 재래식 전쟁–제1차 세계대전–까지 다양한 전쟁 양상을 모두 경험했다. 그리고 당시 조국의 부름에 응하여 자신이 경험한 전쟁을 심도있게 관찰하고 연구했다. 그는 각각의 전쟁에 관해 깊은 통찰력을 보여주었다.

특히 그는 전술과 전략의 특성을 명확히 제시하고 이 둘의 상관관계를 분석하는 데 두각을 나타냈다. 이러한 그의 분석능력은 제1장에 수록된 "부시여단"에서 잘 확인할 수 있다. 이 저작에서 엘리스는 반란 세력에 대응하기 위한 전술을 아주 자세히 설명하긴 했지만, 전략 목표에 악영향을 미칠 수 있는 전술은 비효율적이라 주장했다. 엘리스는 전술과 전략 목표를 연결해주는, 즉 정부가 추구하고자하는 정치적 목표와 군 지휘부가 달성하고자하는 군사적 최종상태를 연결해주는 교량–즉 작전술–의 역할을 이해하고 있었던 것이다.[17]

작전술은 일련의 전역(campaign)을 조직적으로 계획하고 연계하는 것을 말한다. 다시 말하면 특정한 전략적 효과를 달성하기 위해 특정한 시간과 공간상에서 이루어지는 일련의 전술적 행동을 결합하는 것이라 할 수 있다. 엘리스는 다양한 작전환경 하에서 각종 전투단위에 의해 수행되는 전술적 행동을 연계시켜 승리라는 전략목표 달성방법을 제시하는 이 '작전술'을 중점적으로 연구했다. 그의 저작 대부분은 작전목표 달성에 필요한 일련의 전술을 제시하고 그러한 전술을 시행하는 데 적합한 조직편성을 제시하는 내용으로 이루어져 있다.

엘리스는 미 해군대학에서의 수학 경험을 통해 전략적 식견을 넓힐 수 있었다. 상륙작전에 관한 그의 저작을 읽다보면 저명한 해양전략 사상가인 머핸(Alfred Thayer Mahan)의 영향을 확인할 수 있다. 아마도 엘리스는 줄리안 콜벳의 해양전략사상도 익히 알고 있었을 테지만, 콜벳의 흔적을 그의 저작에서 찾아보기는 어렵다. 또한 제4장에 수록된 그의 마지막 저작인 '미크로네시아에 전진기지작전'의 내용을 보면 엘리스가 클라우제비츠(Clausewitz)로부터 많은 영향을 받았다는 것을 확인할 수 있다. 클라우제비츠의 전략론은 매우 난해하고 이해하기 어렵기 때문에 엘리스가 클라우제비츠의 저작에서 풍부한 전략적 지식을 습득했다는 것도 놀랍지만, 그 전략적 지식을 바탕으로 상륙작전에 관한 통찰력을 제시했다는 점이 더욱 인상적이라 할 수 있다.

대부분의 사람들은 미래의 상황은 너무나도 불확실하기에 향후 전쟁양상이 어떻게 변화할지 예측하기는 어렵다고 말한다. 그러나 엘리스는 심도 깊은 연구와 통찰력있는 분석을 통해 장래에 미국이 싸우게 될 상대방이 누구이며, 미국과 일본의 전쟁은 어떠한 양상으로 전개될지를 예측했다. 심지어 태평양에서 산호섬 하나를 점령할 때 몇 개의 연대가 필요할 것인지 까지 도출할 정도로 그의 분석은 세부적이었다.

또한 엘리스는 대반란전과 재래식 전면전쟁에 대해서도 시대를 앞서가는 날카로운 통찰력을 보여주었으며, 이는 오늘날까지도 유용한 관점을 제시해주고 있다. 그러나 다른 어떤 것보다도 가장 큰 엘리스의 업적은 그의 연구가 미국 해병대의 혁신과 오렌지전쟁계획의 형성에 큰 영향을 미쳤다는 점이다.

엘리스는 미국 해병대는 소규모 전쟁과 전면 전쟁, 즉 대반란전 및 재래식 전투 모두에서 활약할 수 있는 조직이 되어야 한다는 비전을 제시했다. 또한 그는 미국 해병대가 어떠한 긴급사태가 발생하더라도 해군과 유기적으로 협력하여 상륙작전을 전문적으로 수행할 수 있는 적응성 높은 조직구성을 갖출 것을 주장했다. 즉, "전문적 상륙훈련을 받은 해병대"가 필요하다는 것을 주장했다. 이러한 엘리스의 주장은 현재의 미국 해병대에는 당연한 이야기이지만, 이러한 인식이 엘리스의 주장에서 촉발된 해병대의 혁신에서 비롯되었다는 사실을 아는 사람은 거의 없다. 엘리스가 주장했던 해병대의 모습은 100년 전에도 그랬던 것처럼 오늘날에도 여전히 중요한 의미를 가진다. 엘리스가 만들어내고자 염원했던 모습을 갖추게 된 지금의 미국 해병대는 전 세계를 무대로 평화 시와 전시를 막론하고, 인도주의적 작전에서부터 치열한 전투까지 다양한 임무를 수행하고 있다.

20세기 초반, 일본제국의 부상 및 태평양을 둘러싼 지정학적 관계에 관한 엘리스의 분석은 20세기 초반과 21세기 초반 태평양의 지정학적 상황의 유사성에 대한 흥미로운 시각을 제공한다. 그러나 엘리스의 분석만으로는 현재 태평양을 둘러싼 미국과 중국 간의 경쟁과 대립의 본질을 완전히 이해할 수는 없다. 현재의 중국은 21세기 초반의 일본과 다르며, 미국 역시 당시의 부상하는 대국이 아닌 초강대국의 위치에 있다. 또한 100여 년 전 증기추진 군함과 프로펠러식 항공기가 주축을 이루었던 해전 양상은 원자력추진 군함과 최첨단 항공기 활약하는 시대로 바뀌었다.

현재 중국은 21세기 초반을 초강대국으로 도약하기 위한 "기회의 시기"라고 간주하고 있다.[18] 많은 사람들은 중국이 추진하고 있는 서태평양에 대한 군사력 투사능력 강화와 남중국해를 위시한 서태평양 내에서의 도서 영유권 주장은 초강대국으로 가기 위한 단계라고 생각한다. 이러한 상황에서 태평양 지역, 그리고 세계무대에서 중국의 영향력 확대를 저지할 할 수 있는 유일한 잠재적 경쟁자는 미국밖에는 없다고 할 수 있다.

중국은 미국과의 직접적인 대립을 원하지는 않지만 미국의 공격에 맞설 수 있는 군사력을 확보하려 노력 중이다. 중국은 이러한 접근법을 반(反)개입 작전(*counter-intervention operations*)으로 지칭하는데, 미국은 이를 반접근전(*anti-access warfare*)으로 표현하고 있다.[19] 비록 용어는 다르지만 이 개념의 최종상태는 동일한데, 바로 미중 간 적대행위가 발생할 경우 서태평양에서 미국이 자신의 의지를 강요할 수 없게 하는 것이다. 이러한 목표 달성을 위해 중국은 인민해방군(PLA)의 전면적인 현대화를 추진하는 중이다.

미국이 서태평양에 군사력을 투사할 경우 가장 큰 위협요소는 핵 미사일을 포함한 장거리 공격능력을 전담하는 인민해방군 제2 포병(second artillery)*이다. 현재 인민해방군 제2 포병은 DF-21D 미사일을 포함한 재래식 탄도 미사일 현대화를 적극 추진하고 있다. 특히 DF-21D 대함 탄도 미사일은 반경 15,000킬로미터 내에 있는 대형 군함을 공격할 수 있는 능력을 갖추고 있다.[20] 미중 간 적대행위가 발생할 경우, 태평양에 위치한 모든 미국의 군함과 기지는 중국의 탄도 미사일 공격을 받을 수 있는 것이다.

인민해방군 해군(PLAN)의 규모 역시 급속히 팽창되고 있다. 최근에

---

* 2018년 로켓군(火箭軍)으로 개편되었다.

알려진 바와 같이 중국은 구소련에서 도입한 항모를 개조한 항공모함 랴오닝함(*Liaoning*)을 취역시켰고, 추가로 국산항공모함을 건조 중이다. 인민해방군 해군은 수상함 및 잠수함 전력 역시 증강시키고 있다. 2013년, 인민해방군 해군은 위자오급(*Yuzhao*) 대형상륙함을 취역시켰다.[21] 이러한 중국의 상륙작전 및 군사력투사 수단의 확장은 태평양에서 작전하기 위해서는 도서 상륙작전 능력이 필요하다는 사실을 중국이 인식하기 시작했다는 것을 뜻한다. 인민해방군 해군과 마찬가지로 인민해방군 공군 역시 J-20과 같은 최신 항공기를 획득하는 데 열중하고 있다. 중국이 최근 폭격기와 수송기를 추가로 획득한 것은 세계 최대 규모의 지대공미사일 전력을 보유하고 있다는 사실과 함께 인민해방군의 현대화 노력의 규모를 상징적으로 보여준다.

그러나 항공모함, 대함 탄도미사일 및 항공기는 중국군의 현대화 분야 중 일부에 지나지 않는다. 인민해방군 육군 및 소속 항공부대 역시 매우 빠른 속도로 능력과 규모를 확장하고 있다. 또한 중국 사이버전 능력은 이미 잘 알려져 있으며, 앞으로도 계속해서 향상될 것이다. 중국은 전방위적인 전쟁수행능력의 확장 및 현대화를 추진하고 있는 것이다.

이렇게 중국의 위협은 증가하고 있는 반면, 엘리스가 마지막 연구보고서를 작성한 1921년 당시와 마찬가지로 현재 서태평양에서 미국의 군사적 능력은 계속 축소되고 있는 실정이다.

엘리스는 20세기 초반 태평양의 정세를 심층적으로 분석하여 3개의 핵심적 결론을 이끌어 냈다. 첫째, 태평양의 작전환경은 바다와 육지가 공생하는 관계라는 것이다. 이는 하나를 통제하기 위해서는 다른 하나의 통제가 선결되어야 할 뿐 아니라 하나를 통제하게 되면 다른 하나의 통제도 용이해 진다는 뜻이다. 둘째, 태평양의 지정학적 상황 및 미일 양국 간 무역갈등이 미국과 일본 간의 대립 가능성을 높인다고 보았다. 셋째, 태평양을 둘러싸고 미일 간 갈등이 발생할 경우, 일본은 미국을 직접적으로 공격하기보다는 소모전을 통해 미국이 태평양을 통제하는 것을 거부하려고 시도할 것이라 주장했다. 이는 곧 미일전쟁 발발 시 미국은 전략적 공세를 취하게 되며, 일본은 전략적 방어에 나설 것이라는 뜻이었다. 이러한 주장에 근거하여 엘리스는 미일전쟁 발발 시 태평양을 통제하기 위한 작전개념, 전술 및 부대구조에 관한 포괄적인 결론을 도출했다. 당시 엘리스가 도출한 결론은 오늘날 상황에 대입해 보아도 적시성을 가지고 있지만, 현재의 무기체계 발전양상을 반영하여 수정될 필요는 있다. 2014년, 미국은 태평양 지역에 보다 분산되고 기동성이 뛰어난 군사력을 배치할 수 있도록 부대구조를 재검토하기 시작했다.[22] 엘리스의 연구결과는 이러한 재검토 작업에 좋은 길잡이가 될 수 있는 것이다.

오늘날 미국은 과거 엘리스가 구상했던 적응력이 높고 균형 잡힌 해병대를 보유하고 있으며, 미 해병대는 엘리스가 기대했던 것 이상의 활약을 보여주고 있다. 만약 태평양에서 전쟁이 발생할 경우, 미국 해병대와 상륙작전능력은 다시금 미국 군사전략의 핵심요소가 될 것이다. 100여 년 전과 달리 미국 해군은 더 이상 석탄보급기지가 필요치 않지만, 전진기지의 필요성은 전혀 줄어들지 않았다. 오히려 향후 전쟁 시 미국이 취하게 될 전략적 공세를 고려할 때 전진기지의 필요성은 더욱 증가하게 될 것이다. 중국의 탄도 미사일 능력이 미 해군의 작전을 제한한다는 점을 고려할 때, 미국은 이 미사일이 배치된 섬에 상륙하여 이를 접수해야 하며 섬을 다시 탈취하려는 중국의 반격에도 맞서야 한다. 또한 미국은 전진기지가 제 기능을 발휘하도록 지원을 제공하는 다른 중요한 섬들도 확보해야 한다. 그러나 광활한 태평양의 크기를 고려할 때 미군의 군대 중 가장 규모가 작은 해병대가 모든 상륙작전을 전담하기는 어려운 것이 사실이다.

역사적으로 볼 때도 미 육군은 해병대보다 상륙작전을 더 많이 수행했으며, 향후에도 필요하다면 육군 역시 상륙작전에 투입되어야 할 것이다. 향후 상륙작전 시에는 해상돌격뿐 아니라 공중돌격(air assault) 및 공중강습(airborne) 능력 역시 갖추어야 할 것이며, 잠수함을 통해 해안으로 은밀하게 침투하는 능력 역시 필요할 수 있다. 태평양의 지형을 고려할 때 어느 특정 능력만으로는 상륙작전을 성공시킬 수는 없다. 따라서 기존에 미국 해병대가 발전시켜온 상륙돌격장갑차를 이용한 함안이동능력을 최대한 발휘하기 위해 해병대가 주축을 이루고 육군 및 특수전부대도 함께 참여하는 합동상륙군(joint armed forces)을 편성하는 것이 필요하다. 이 글을 쓰고 있는 시점을 기준으로, 미국 해병대용 상륙돌격장갑차(AAV-P7/A1)는 최초 등장 이후 40여 년이 넘게 경과된 플랫폼이다. 미 해병대는 이 상륙돌격장갑차의 성능개량을 진행 중이지만, 아직까지 합동상륙군을 지원할 수 있는 충분한 수량을 보유하고 있지 못하다.

최근 중국 인민해방군 해군의 급속한 확장에도 불구하고 미국 해군은 여전히 함정 척수 면에서 우위를 누리고 있다. 그러나 이러한 수적 우위는 전 세계에 전력을 분산 배치해야 하는 미국 해군의 방대한 작전소요로 인해 상쇄되고 있는 실정이다. 태평양에서 전쟁이 발발 할 경우 미국 해군은 태평양에서 중국 해군에 대한 수적 우위를 확보하기 위해 태평양 사령부(Pacific Command)*의 작전구역(Area of Operations)에 전력을 급격히 증강시켜야 할 것이다. 그러나 함정을 건조하는 데는 많은 시간과 비용이 들어가며, 전투 중 상실한 함정을 신속하게 대체하는 것 역시 쉽지 않을 것이다. 다행히도 미 해군과 공군은 태평양 해역에서 일어날 수 있는 분쟁 상황에 대응하기 위한 계획을 수립해 놓은 것으로 보인다. 미 해군과 공군이 공동으로 작성한 공해전투개념은 해공군간 상호운용성을 향상시켜 중국이 활용할 가능성이 가장 높은 반접근/지역거부체계(A2/

* 2018년 인도태평양사령부(Indo-Pacific Command)로 개편되었다.

AD system)를 극복한다는 개념이다. 공해전투개념은 태평양에만 국한되는 개념은 아니지만, 중국의 반접근/지역거부 위협을 극복하는 데 필요한 전력의 획득 및 교리의 개발을 선도할 목적으로 고안된 것이다. 공해전투개념을 통해 발휘된 해공군 간 상호운용능력은 미국과 중국이 태평양을 사이에 두고 경쟁할 때 도서와 해역의 영공을 통제하는 데 핵심적인 역할을 할 것이다. 그러나 한 가지 아쉬운 점은 이 개념에 상륙작전의 측면이 포함되어 있지 않다는 것이다.

한편 공해전투의 비판자들은 직접적인 무력충돌에 의존하기보다는 중국의 경제를 마비시키는 봉쇄전략을 제안한다. 그러나 봉쇄전략을 추구한다 할지라도 말라카 해협(the Strait of Malacca)과 같은 해상교역의 중요 목진지(choke point)를 통제해야 하기 때문에 상륙군이 육상을 점령하는 것이 필요하다. 그리고 공해전투개념에 따라 태평양의 공중과 해역을 통제하려 할 경우에도 핵심 도서를 점령하고 기타 도서를 무력화하는 활동이 선행되어야 한다.

따라서 향후 발생 가능한 미중전쟁에 대비하기 위한 최선의 방책이 공해전투개념인지, 봉쇄전략인지 간에 관계없이 미 해군의 상륙작전을 위한 수송능력이 전쟁 승리의 핵심적 요소가 될 것이다. 그러나 현재 활용 가능한 해군의 상륙수송전력은 통합전투사령관(combatant commander)의 요구를 충족시키기에 턱없이 부족하며, 한 번에 수송할 수 있는 병력 역시 매우 적다. 미 해군은 해상전방전개기지함(AFSB; afloat forward staging base)을 건조하고 합동고속수송함(JHSV; joint high speed vessel)*과

* 2015년 9월, 미 해군은 해상전방전개기지함은 원정해상기지함(ESB; Expeditionary Sea Base)으로, 합동고속수송함은 원정고속수송함(EPF; Expeditionary Fast Transport) 명칭 변경을 단행했다. 이는 해외원정작전 수행을 위한 해상플랫폼의 변화를 반영한 것이다.

같은 신형선박을 활용하여 상륙작전능력을 확대하려 노력하고 있지만, 중국과 충돌할 경우 필요한 해병대, 육군 및 특수전부대의 규모는 현재 해군이 보유한 상륙수송능력을 넘어서고 있다. 이러한 상륙수송능력의 제한으로 인해 태평양에서 분쟁이 발생할 경우 미 합동군은 작전수행에 큰 제약을 받게 될 것이다. 중국과의 분쟁 시 해상전투 및 봉쇄 중 어느 것이 좀 더 나은 방책인지 여부는 논쟁의 여지가 있지만, 두 전략 모두 전진기지의 확보 및 상륙작전능력이 필요하다는 점에는 논쟁의 여지가 없다.

다행스럽게도 현재 미국이 처한 지정학적 상황은 1920년대보다는 유리하다고 할 수 있다. 역설적이게도 당시 일본에 대항하기 위한 미국의 주요 동맹국은 중국이었다. 그러나 현재 미국은 호주 및 일본과 매우 안정적인 동맹관계를 유지하고 있으며, 호주 및 일본은 해상작전 및 상륙작전 역량을 지속적으로 확대하고 있다. 한국 역시 미국의 강력한 동맹국 일뿐 아니라 역내에서 주도적 역할을 수행 중이다. 또한 최근 남중국해를 둘러싼 중국의 호전적 행동으로 인해 필리핀, 베트남과 미국 간의 관계가 개선되고 있다. 미중 충돌이 발생한다면 중국은 미국만을 상대할 수는 없을 것이다. 오히려 미국은 제2차 세계대전 당시보다 훨씬 강력한 동맹국들의 지원이라는 이점을 누릴 가능성도 있다.

역사는 그 답이 정해져 있지 않으며, 과거와 똑같이 반복되지도 않는다. 미국과 일본이 반드시 전쟁을 벌일 필요는 없었던 것처럼 미국과 중국 간의 충돌 역시 필연적이지는 않다. 또한 국가 간 무력충돌이 그렇게 쉽게 발생하는 것도 아니다. 평시 경제 및 교역 면에서 상호의존성이 높아짐에 따라 국가 간 분쟁 시에는 엄청난 경제적 손실을 각오해야 한다. 현재 미국과 중국의 경제는 다른 어떤 국가들보다 더욱 상호의존적이다. 이는 중국이 무력에 의지하지 않고 평화로운 부상을 지속할 것이라는 전망을 가지게 한다. 이러한 낙관적 전망에도 불구하고 일본이 부상했던 20세기 초와 중국이 부상하는 21세기 초를 비교하고 분석해야 이유는 바로 만약의 사태에 대비한 준비를 소홀히 해서는 안 되기 때문이다. 전쟁발발 훨씬 전부터 수십 년간의 준비과정이 있었기에 미국은 제2차 세계대전 시 태평양 전구에서 승리할 수 있었다. 그리고 이러한 준비과정에서 엘리스의 사상이 중추적 역할을 했다.

이제 우리는 엘리스의 저작을 다시 한 번 곱씹어 보고 그가 가졌던 통찰력을 바탕으로 우리가 현재 직면한 상황을 바라볼 필요가 있다. 시대를 앞서 미래를 예측했던 엘리스의 저작은 100년 전 군사전략가들에게 그랬던 것처럼, 21세기의 군사전략가들에게도 여전히 유용한 시사점을 제공해 줄 것이라 확신한다.

옮긴이 후기
참고문헌
후주

옮긴이 후기

제1차 세계대전 이후 상륙작전은 전쟁의 승패에 지대한 영향을 주는 작전의 형태가 되었다. 제1차 세계대전 중 벌어진 갈리폴리 상륙작전의 실패는 영국군, ANZAC군을 비롯한 연합군에게는 치명타가 되었으나 오스만제국에게는 구국의 기회가 되었다, 그리고 제2차 세계대전 시 노르망디를 비롯한 유럽전선의 상륙작전들은 독일 제3제국을 멸망시키는 결정적인 계기가 되었다. 또한 일본과의 전쟁 중 태평양의 비좁은 도서에서 미 해병대가 수행한 수많은 상륙작전은 전략도서의 확보가 전쟁수행에 얼마나 중요한지 충분한 역사적 교훈을 이끌어 냈으며 그 영향력은 지금까지도 계속되고 있다.

최근 미 해병대의 'Force Design 2030' 이 공개되면서 원정전진기지작전(EABO; Expeditionary Advanced Base Operations) 개념과 미 해병대가 미래에 어떠한 전력구조를 갖춰야 하는가에 대한 관심이 높아졌다. 향후 전진기지의 확보가 미 해병대의 핵심임무가 될 것이며, 전차 · 포병이 사라지고, 장거리 정밀유도 무기와 무인전력이 그것을 대체할 것이라는 논조의 글들이 최근에 다수 발표되었지만, 미 해병대의 전진기지 개념이 100여 년 전 피트 엘리스(Pete Ellis)라는 영관장교로부터 기원했다는 사실은 잘 알려지지 않았다. 더욱이 해군-해병대 팀과 항공력을 고려한 현대적 합동상륙작전 개념과 적전 상륙작전의 당위성을 최초로 주장한 사람이 같은 인물이라는 사실은 적전 상륙작전을 조직의 근간으로 삼는 한국 해병대에서도 매우 생소한 이야기이다.

이 책을 번역하고자 한 계기는 바로 이러한 엘리스의 업적을 소개하고, 현재 우리가 고민하고 있는 상륙작전의 방법이 지금의 당면한 문제가 아니라 100여 년 전부터 엘리스가 연구하고 고안한 것이라는 사실을 조금이나마 알리고 싶었기 때문이었다.

해병대는 전장의 영역이 없다. 그러므로 조직의 생존을 위해 전장환경 변화에 어느 군보다 민감할 수밖에 없고, 부단히 자신의 영역을 확장하기 위한 노력을 한다. 100년 전 엘리스도 필리핀-유럽전선-태평양을 거치면서 미 해병대의 현재의 상태를 고찰하고 미래의 모습을 고민하여 이 책의 논문들을 작성했을 것이다. 안정화작전에서 대반란전 수행부대로서의 임무, 해군의 일원으로 군사활동의 영역을 넓히는 원정군으로서의 임무, 그리고 적전 상륙작전을 실시하는 상륙군으로서의 임무 등 해병대의 역할을 다방면으로 고민했던 그의 흔적은 현재의 위협과 미래의 가치를 고민해야 하는 한국 해군-해병대에게도 시사하는 바가 있을 것이라 기대한다. 나아가 이 책이 해군과 해병대가 미래 전력 창출과 군구조 개편을 훌륭하게 기획하고 실행하는 데 기여할 수 있기를 바란다.

이 책은 『오렌지 전쟁계획』을 번역했던 김현승 동기의 제안으로 공동번역을 시작했다. 그러나 그 과정은 순탄치 않았다. 특히 100년 전 작성된 논문이 주된 내용을 차지하는지라 문장과 용어의 맥락을 이해하고 이를 옮겨내기가 어려워 계획한 시간보다 번역이 지체되었다. 옮긴이들에게는 2년에 걸친 긴 작업이었지만 현업에 매진하면서도 잠깐씩 짬을 내어 번역원고를 서로 비교검토하고, 조직의 현실과 미래에 관해 의견을 교환하는 것은 그 어떤 것보다 즐거운 일이었다. 부족한 내용이지만 해군사관학교 생도시절 옥포만이 내려다보이던 생활관에서 언젠가 같이 해군-해병대와 관련된 연구성과를 내놓자는 약속을 20여 년 만에 이룰 수 있게 된 것을 다행으로 생각한다.

번역에 도움을 주신 분들이 많지만, 특히 꼼꼼히 검토해주신 최종혁 대령님과 군인의 가족으로서 가장 힘든 시기를 오롯이 견디고 있는 아내에게 감사를 보낸다. 마지막으로 이 책이 세상에 나올 수 있도록 해주신 연경문화사 이정수 사장님의 호의에도 감사드린다.

번역 과정에서 엘리스가 주장하고자 했던 논리와 구상을 정확히 전달하려 노력했지만 옮긴이들의 전문성 부족으로 미흡한 부분이 적지 않을 것이라 생각하며, 번역 상 오류는 모두 옮긴이들의 책임이다. 아무쪼록 이 번역서가 해군과 해병대의 발전 및 미래에 관한 토론을 활성화하는 계기가 되길 바란다.

2021. 7.

옮긴이

참고문헌

Armstrong, Ben, ed. *21st Century Mahan: Sound Military Conclusions for the Modern Era*. Annapolis: Naval Institute Press, 2013.

Ballendorf, Dirk Anthony, and Merrill L. Bartlett. *Pete Ellis: An Amphibious Warfare Prophet 1880–1923*. Annapolis: Naval Institute Press, 1997.

Bartlett, Merrill L., ed. *Assault from the Sea: Essays on the History of Amphibious Warfare*. Annapolis: Naval Institute Press, 1983.

Clausewitz, Carl von. *On War*. Translated by Michael Howard and Peter Paret. Princeton, N.J.: Princeton University Press, 1976.

Corbett, Julian. *Some Principles of Maritime Strategy*. Annapolis: Naval Institute Press, 1988.

Crowl, Philip A., and Jeter A. Isely. *The U.S. Marines and Amphibious War: Its Theory and Its Practice in the Pacific*. Princeton, N.J.: Princeton University Press, 1951.

Mahan, Alfred Thayer. *The Influence of Sea Power upon History, 1660–1783*. Boston: Little, Brown, 1918.

Miller, Edward S. *War Plan Orange: The U.S. Strategy to Defeat Japan, 1897–1945*. Annapolis: Naval Institute Press, 1991.

Murray, Williamson, and Allan R. Millett, es. *Military Innovation in the Interwar Period*. New York: Cambridge University Press, 1996.

Spector, Ronald H. *Eagle against the Sun: The American War with Japan*. New York: Free Press, 1985.

Sumida, Jon Tetsuro. *Inventing Grand Strategy and Teaching Command:*

The Classic Works of Alfred Thayer Mahan Reconsidered. Baltimore, Md.:John Hopkins University Press, 1997.

Tangredi, Sam J. *Anti–Access Warfare: Countering A2/AD Strategies*. Annapolis: Naval Institute Press, 2013.

후주

서론

1) 엘리스의 생애와 관련된 내용은 Dirk Anthony Ballendorf and Merrill L. Bartlett, *Pete Ellis: An Amphibious Warfare Prophet, 1880–1923* (Annapolis: Naval Institute Press, 1997)를 주로 참고했다.
2) Quoted in *ibid.*, 54.
3) *Ibid.*, 153.
4) Clayton Barrow Jr., "Looking for John A. Lejeune," *Marine Corps Gazette*, April 1990, accessed 19 May 2014, https://www.mca-marines.org/gazette /looking-john-lejeune.
5) David Kilcullen, *Out of the Mountains: The Coming Age of the Urban Guerilla* (New York: Oxford University Press, 2013), Kindle edition.
6) U.S. Department of Defense, *Joint Operational Access Concept (JOAC)* (Washington, D.C., 2012), i, http://www.defense.gov/pubs/pdfs/ joac_jan % 202012_signed.pdf.

제2장

7) Ballendorf and Bartlett, *Pete Ellis*, 67.

제3장

8) Ballendorf and Bartlett, *Pete Ellis*, 26.
9) *Ibid.*, 49.
10) *Ibid.*, 48.
11) Lt. Col. John J. Reber, USMC, "Pete Ellis: Amphibious Warfare Prophet," in *Assault from the Sea: Essays on the History of Amphibious Warfare* (Annapolis: Naval Institute Press, 1983), 157—167.

제4장

12) Ballendorf and Bartlett, *Pete Ellis*, 109.
13) Edward S. Miller, *War Plan ORANGE: The U.S. Strategy to Defeat Japan, 1897– 1945* (Annapolis: Naval Institute Press, 1991), 115.
14) Sam J. Tangredi, *Anti-Access Warfare: Countering A2/AD Strategies* (Annapolis: Naval Institute Press, 2013), 75.
15) Ballendorf and Bartlett, *Pete Ellis*, 154.
16) Reber, "Pete Ellis: Amphibious Warfare Prophet," 157–167.

제5장

17) Colin S. Gray, *The Strategy Bridge: Theory for Practice* (New York: Oxford University Press, 2011), 7.
18) Office of the Secretary of Defense, *Annual Report to Congress: Military and Security Developments Concerning the People's Republic of China 2013* (Washington, DC: GPO, 2013), 15.
19) *Ibid.*, i.
20) *Ibid.*, 5.
21) *Ibid.*, 7.
22) Marcus Weisberger, "Pentagon Debates Policy to Strengthen, Disperse Bases," *Defense News*, 13 April 2014

엘리스와 미 해병대의 전쟁 방식

대반란전에서 원정기지작전까지

발행일 2021년 8월 6일
편저자 B. A. Friedman(B. A. 프리드먼)
옮긴이 김현승·이상석
표지 일러스트 이제희
펴낸이 이정수
책임 편집 최민서·신지항
펴낸곳 연경문화사
등록 1-995호
주소 서울시 강서구 양천로 551-24 한화비즈메트로 2차 807호
대표전화 02-332-3923
팩시밀리 02-332-3928
이메일 ykmedia@naver.com
값 15,000원
ISBN 978-89-8298-197-5 (93390)